科学喂养，让宝宝长得壮，身体棒！

宝妈不愁

3-6岁 宝宝辅食

于雅婷◎主编

世界图书出版公司

图书在版编目（CIP）数据

宝妈不愁 3—6 岁宝宝辅食 / 于雅婷主编 . -- 北京 : 世界图书出版公司 , 2022.8

ISBN 978-7-5192-9746-6

Ⅰ . ①宝… Ⅱ . ①于… Ⅲ . ①婴幼儿—食谱 Ⅳ . ① TS972.162

中国版本图书馆 CIP 数据核字 (2022) 第 154815 号

书　　名	宝妈不愁 3—6 岁宝宝辅食
（汉语拼音）	BAOMA BUCHOU 3—6 SUI BAOBAO FUSHI
主　　编	于雅婷
总 策 划	吴　迪
责任编辑	韩　捷
装帧设计	夕阳红
出版发行	世界图书出版公司长春有限公司
地　　址	吉林省长春市春城大街 789 号
邮　　编	130062
电　　话	0431-86805559（发行）　0431-86805562（编辑）
网　　址	http：//www.wpcdb.com.cn
邮　　箱	DBSJ@163.com
经　　销	各地新华书店
印　　刷	唐山富达印务有限公司
开　　本	787 mm × 1092 mm　1/16
印　　张	16.5
字　　数	444 千字
印　　数	1—5 000
版　　次	2023 年 1 月第 1 版　　2023 年 1 月第 1 次印刷
国际书号	ISBN 978-7-5192-9746-6
定　　价	48.00 元

序言

如何让宝宝健康成长，是每个爸爸妈妈最关心的问题。爸爸妈妈们除了要了解宝宝各个阶段身体的发育情况、心理的成长情况外，还要在宝宝的饮食方面下点“苦功”。

当宝宝处于不同的生长阶段时，所需营养是不同的。3-6 岁宝宝与婴幼儿时期相比，身体生长的速度减慢，但体内各个器官持续发育并逐渐成熟，因此在饮食上需要供给其生长发育所需的足够营养，而这些营养的供给大多是由食物提供的，所以饮食健康是宝宝健康的关键点。

本书对 3-6 岁宝宝健康饮食的知识进行整理，从基础的知识点出发，如 3-6 岁宝宝的营养指南、宝宝膳食营养原则、宝宝四季饮食要点，以及宝宝饮食宜忌等方面，让爸爸妈妈们对宝宝饮食营养有一个全面的了解。同时，本书中收集 78 种对 3-6 岁宝宝身体健康有益的食物，分为主要营养素、营养分析、选购保存、温馨提示 4 个版块进行了介绍，并介绍相关营养食谱，让爸爸妈妈们可以给宝宝烹调出美味而健康的食物。对于饮食的禁忌部分，则列出了 92 种 3-6 岁宝宝慎食的食物，对该种食物慎食的原因进行了介绍，可以让爸爸妈妈们规避饮食误区，扫清宝宝饮食健康道路上的障碍。最后，本书针对 30 种 3-6 岁宝宝易患的疾病，从病症概况介绍、对症食疗餐及饮食宜忌几个方面进行了介绍，可以让爸爸妈妈们了解宝宝患病时的饮食调理方法，以辅助治疗疾病，让宝宝尽早恢复健康。

衷心希望本书能对 3-6 岁宝宝的父母们有所帮助，能让更多的爸爸妈妈们加入关于宝宝健康饮食的探讨行列中来，给宝宝创造一个健康、营养、美味的饮食环境，让其能够健康成长、身体棒棒！

阅读导航

为了方便读者阅读，我们安排了阅读导航这一单元，通过对各章节部分功能、特点的图解说明，将全书概况一目了然地呈现在读者面前。

概况介绍

通过别名、热量、食量、性味等栏目，让读者了解食材的基本信息。

食材解读

通过主要营养素、营养分析、选购保存、温馨提示四个栏目，全面解读食材，并指导读者了解食材在日常生活中的应用。

备注：本书部分食谱中未提及的材料均为装饰所用，不一一列举。

宝妈不愁3~6岁宝宝辅食

玉米

别名：苞米、苞谷、珍珠米
热量：8千焦/100克
食量：约150克/日
性味：性平，味甘

主打营养素

膳食纤维、维生素E

玉米含有丰富的膳食纤维，可以刺激胃肠蠕动，防止便秘，还可以促进胆固醇代谢，加速肠内毒素的排出。玉米含有维生素E，具有促进细胞分裂、延缓衰老、降低胆固醇、防止皮肤病变的功效。

营养分析

玉米除了含有丰富的碳水化合物、蛋白质、脂肪、胡萝卜素等营养物质外，还含有异麦芽低聚糖、维生素B_2、维生素E等营养成分。这些物质对预防心脏病、癌症等有很大的好处。具有开胃、利胆、通便、利尿、软化血管、延缓细胞衰老和防癌抗癌等功效。

选购保存

挑甜玉米时，可以用手掐一下，有浆且颜色较白的玉米，口感和营养最好。浆太多的则太嫩，如不出浆，就说明玉米老了，老玉米口感不佳也不甜，不宜购买。保存甜玉米的时候，可以保留甜玉米外面的叶子，然后用保鲜袋包裹好，放进冰箱保鲜层，但保存时间不宜过长。

♥ 温馨提示

玉米是一种热门的保健食物，常常出现在人们的餐桌上，主要是因为其含有丰富的营养物质，其中富含的B族维生素等成分对保护神经和胃肠功能有一定的功效。玉米含有丰富的维生素A，能保护视力，防治夜盲症。

64

促进消化
补充营养

凉拌玉米南瓜子

原料

玉米粒100克、香油4毫升、南瓜子30克、枸杞子10克、盐适量

做法

1. 将玉米粒洗干净，沥干水；南瓜子、枸杞子洗净。
2. 将南瓜子、枸杞子与玉米粒一起入沸水中焯熟，捞出，沥干水后，加入香油、盐，拌匀即可。

专家点评

这道菜具有良好的滋补作用，能为宝宝提供充足的营养，还能促进其消化吸收。

玉米排骨汤

调中开胃
增强体质

原料

玉米粒250克、猪排骨200克、胡萝卜30克、盐3克、姜片4克、清汤适量、葱丝适量

做法

1. 将玉米粒洗净；猪排骨洗净斩块、汆水；胡萝卜去皮洗净，切成粗条。
2. 净锅上火倒入清汤，入姜片、玉米粒、猪排骨、胡萝卜煲至熟。
3. 加入盐调味，撒上葱丝即可食用。

专家点评

玉米有调中开胃的功效；胡萝卜有养肝明目、健脾益胃的功效；猪排骨有补益气力、增强体质的作用。

65

食谱名称

整体所用食材的高度概括，让您能更快捷、方便地进行检索与选择。

食谱介绍

包括原料、做法和专家点评，介绍了此菜品的制作过程，简单易做，一学就会。

高清美图

为每种食谱附上高清的彩色大图，满足宝宝味蕾的同时也能让您一饱眼福。

目录

第一章 3-6 岁宝宝饮食营养面面观

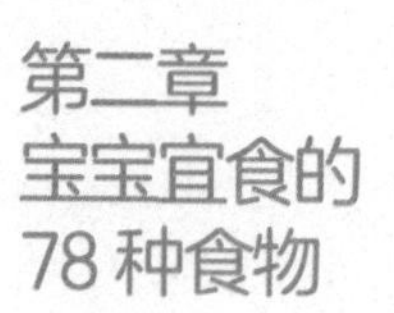

第二章 宝宝宜食的 78 种食物

第三章 宝宝慎食的91种食物

第四章 30种宝宝常见病饮食宜忌

第一章
3-6 岁宝宝
饮食营养面面观

本章针对 3-6 岁宝宝的营养需求、膳食营养的原则、四季饮食的要点进行了详细的介绍，让爸爸妈妈们能了解并掌握自己宝宝在健康饮食上需要关注的问题。同时，通过 32 条 3-6 岁宝宝饮食宜忌的知识点，让爸爸妈妈们了解宝宝应有的健康饮食习惯，为宝宝建立起健康的膳食结构，让每个宝宝都拥有最优质的成长条件。

宝宝营养指南

宝宝的身体要健康，健康饮食少不了。现代社会生活节奏快，饮食业发展迅速，各类饮食五花八门，宝宝的饮食健康是否能够得到保障呢?

营养教育的重要性

调查发现，在家庭中，宝宝的每一种饮食行为都与家长具有一定的相关性。例如，首先在食物的选择上，家长们会认为某些食物的营养价值高，另外一些食物的营养价值低，而他们会将自己的这种观念灌输给孩子，从而导致孩子在食物选择上出现差异。其次是口味问题，每个家庭的口味偏好都不一样，家长们往往会根据自己的口味来选择食物，不大会单独为孩子准备食物，例如有的家庭口味偏咸，有的家庭偏爱油炸食品等。家长对某些食物的偏好也会直接影响孩子，往往家长不喜欢食用的食物孩子也不太喜欢。这就造就了在饮食习惯上家长和孩子的相似性较高。

人们的饮食行为与多种因素有关，如文化、传统、民族和教育等，改变一个人的饮食行为是不容易的，它基本上是一个家庭饮食习惯的改变。

在幼儿园经常能看到孩子带着购买的早餐在活动室内吃。调查发现，这样的孩子占了全班人数的 20% 左右。由此让人想到，现在父母由于忙碌，在家中与孩子共进早餐的机会越来越少。即使在家中，父母与孩子共进早餐时，早餐的食物种类也相对较少。在幼儿园的午餐桌上，还发现绿叶蔬菜（菠菜等）、胡萝卜、鱼、蘑菇、黑木耳、蒜和海带等被扔在盘里的情况，而且宝宝年龄越小，这种情况越严重。

若问孩子们为什么不吃这些东西，他们的回

答大多数是不喜欢。究其原因，是现在的孩子大都喜欢吃零食，而到真正的就餐时间时就会出现挑食、偏食或不想进食的情况。

调查发现，70% 的宝宝都存在偏食现象，这些偏食的孩子大都喜欢甜食、油炸食品、膨化食品、饮料和肉类加工制品等，而不喜欢食用绿叶蔬菜（菠菜等）、胡萝卜、蘑菇、黑木耳、海带等。坚持喝鲜牛奶及其制品的孩子也不多，每餐吃水果和蔬菜的孩子也相对较少。

从这些情况可以看出，家长对宝宝的饮食营养的重视度不高，在家怎么方便怎么弄，一日三餐普遍存在早餐“马虎”、中餐“凑合”、晚餐“丰富”的现象，而这种现象恰恰不符合宝宝的营养饮食原则。

由于很多孩子喜欢吃零食、爱吃“洋快餐”、不爱吃主食，营养不良者日益增多。由于家长营养知识缺乏，就会一味地给营养不良的孩子吃高脂肪、高蛋白食物，不注意膳食的合理搭配。由于孩子的膳食结构不合理，患偏食症、嗜食症、肥胖、性早熟等越来越普遍。一些幼儿园也因为缺乏专业营养师，使宝宝的营养健康教育不被重视。据调查，真正配备专业营养师的幼儿园食堂极少。有的幼儿园虽然配备了保健老师，但只是简单编制食谱。即使有了食谱，制作厨师由于在思想上认识不够，不能共同了解科学饮食的重要性，从而不能让营养食谱广泛使用到宝宝的日常生活中。

从以上的分析来看，从家庭到幼儿园，对宝宝饮食营养的认识都是非常不够的。身体健康是宝宝健康成长的基础，为保障宝宝健康成长，不仅需要宝宝积极锻炼身体，也需要普及宝宝营养健康知识，这就是宝宝的营养教育。

不仅是家长们，幼儿园的老师们也应具备这方面的知识，通过开展宝宝营养健康教育，为宝宝提供合理营养，提倡均衡膳食，建立合理的饮食制度，培养宝宝良好的饮食习惯，创设良好的饮食环境，使家长和幼儿园老师懂得宝宝的营养贵在合理；通过实施宝宝营养健康课程，让宝宝通过丰富多彩的活动来提高健康意识、改善健康态度、培养宝宝健康的饮食行为，从而维护和促进宝宝的健康成长。

营养教育的具体措施

对 3-6 岁宝宝的营养教育，应落到实处，可从以下几个方面来入手。

合理的膳食计划：无论是幼儿园保健老师还是家长，都有必要学习宝宝营养健康知识，为宝宝制订出合理的膳食计划。人体每天所需要的营养成分主要来自膳食。食物中含有蛋白质、碳水化合物、脂类物质、矿物质、维生素和水这六大类营养成分，它们在人体内主要起修复受损细胞、促进新陈代谢、产生热量和调节生理功能的作用。但每一种营养成分在人体中都有不同的作用，无法互相替代，甚至在人体中含量不足 0.05% 的微量元素如氟、锌等也与人体的新陈代谢密切相关，缺乏微量元素则会引起龋齿、食欲下降等一系列疾病。由此可见，讲究营养应注重全面性。

从营养成分吸收的角度来看，也应注重营养的全面性，要知道营养成分的吸收与食物中各种

成分的比例有关。比如，宝宝缺钙，家长便寻求含钙较高的补品。其实，钙与磷是人体中一对神秘的伴侣，钙的吸收率与钙磷比例密切相关，在人体中钙磷之比是 2 ∶ 1，食物中钙磷之比越是接近 2 ∶ 1，其吸收率就越高；反之，食物中只单纯含钙，则会妨碍钙的吸收，从而影响宝宝骨骼的发育。母乳中钙磷比例近于 2 ∶ 1，牛奶则为 1.3 ∶ 1。尽管牛奶中含钙量较高，但钙的吸收率却低于母乳，这正是我们提倡母乳喂养的原因之一。

另外，钙的吸收还需要维生素 D 的参与，如果孩子体内缺乏维生素 D，即使食物中含有较丰富的钙也难以被吸收。《黄帝内经》中有“五谷为养，五果为助，五畜为益，五菜为充，气味合而服之，以补精益气”的内容，精辟阐述了粮食、水果、肉类、蔬菜在人体中的功效。我们为宝宝制订合理的膳食计划，首先要保证一定量的肉、蛋、奶及豆类食品；其次要保证宝宝每天有充足的蔬菜，其中 1/3 的量应是新鲜的黄色、绿色蔬菜，谷类应以标准米、面为主，并适当搭配一些粗粮。饮食还要随季节有所变化，冬季可适当增加脂肪的摄入量，以提供较多的热量，夏季可多选用清淡的食物。烹调方法要符合宝宝的消化能力和进食心理，在色、形、味诸方面多用心，以激发宝宝的食欲。饮食多样化，不仅可以促进宝宝的食欲，提高营养价值，更主要的是可以保证营养均衡。

合理的膳食制度：为了使宝宝每天摄取足够的营养素，还要根据宝宝消化系统的特点来制订、建立合理的膳食制度。内容包括进餐时间、次数及各餐热量分配。每日为宝宝安排三餐及午后一次点心，每餐间隔约 4 小时，各餐热量分配为，早餐占 25%~30%，午餐占 35%~40%，午点占 10%，晚餐占 25%~30%。日托制的幼儿园无法分配早餐和晚餐，但也应与家长好好沟通，做好家长的宣传工作。具体的膳食制度应注意以下几个方面。

早餐：宝宝一天的活动或学习主要在上午，需要足够的能量才能较好地完成。而生活中人们由于早晨食欲较差及传统的生活习惯，不够重视早餐的质量，致使宝宝的早餐营养健康不能得到保证。因此，家长应该转变观念，为宝宝提供营养均衡、全面的早餐。

午餐：午餐是一天中最丰盛的，要保证有充足的肉、蛋及豆类食品。因为这些食品不仅含有丰富的优质蛋白质及矿物质，同时还含有较高的能量；还要保证有充足的蔬菜，这可以使宝宝获取丰富的维生素、矿物质、水及膳食纤维。

晚餐：因为晚饭后活动时间短，活动量又较小（尤其是冬天），所以建议晚餐不应过于丰盛，以避免热量在体内蓄积造成肥胖。

此外，合理的膳食制度还可以保证宝宝胃肠道的正常功能，从而提高其对营养的吸收利用率。

合理的饮食习惯：包括饮食定时定量，不挑食、不偏食，细嚼慢咽，少吃零食，饭前、饭后不做剧烈活动，不吃汤泡饭，进餐时保持安静等饮食卫生习惯。

由于生活水平的提高，大多数宝宝偏爱吃零

食，其实宝宝喜爱的零食所含的营养成分均衡性较差，再加上宝宝总吃零食，终日似饱非饱，待吃饭时已无食欲，从而影响了其他营养成分的吸收，久之，造成体内营养素的缺乏。所以，宝宝平时应少吃零食，饭前半小时不吃零食。

偏食是导致宝宝缺乏营养的主要原因，所以，预防和纠正偏食是非常必要的。宝宝的偏食大多受外在因素的影响，比如家长偏食，饮食过于单调，或家长常常问孩子喜欢吃什么，从而为孩子的偏食创造了条件。有些宝宝不喜欢吃蔬菜，则体内易缺乏矿物质、维生素、膳食纤维等；还有的宝宝不爱吃肉、蛋，长此以往，则体内易缺乏蛋白质、矿物质等，势必会影响宝宝的生长发育。要纠正偏食，可以把宝宝喜欢吃的食物与不喜欢吃的食物结合在一起；可以在宝宝饥饿且心情愉快时给其不喜欢吃的食物，或者给宝宝讲解一些营养知识，或者让宝宝同家长一起做饭等。

饮食定时定量是保证宝宝摄取足够营养成分的前提。因为人的消化器官受自主神经的调节，吃饭定时，人体则会形成时间条件反射，在食物进入体内之前，消化器官的功能就开始逐渐增强，胃肠蠕动加快、消化腺分泌更多的消化液等，从而可以对摄取的食物充分地消化、吸收。其实，饮食的定量不仅可以保证身体所需的营养成分，同时也可防止营养过剩。因为供给宝宝的营养食品并非越多越好，如食之过量，对宝宝的健康也是有害的。

进餐前半小时及进餐后 1 小时不宜做剧烈活动，否则会使宝宝的消化器官功能减弱，影响食物的消化吸收，尤其是饭后剧烈活动容易使宝宝胃下垂。为了保证食物的充分消化，还应教育宝宝吃饭时细嚼慢咽。有些宝宝进餐速度较快，从而影响牙齿、唾液腺的功能，长此以往，不仅会损伤食管，还会加重胃的负担，影响胃的功能。细嚼慢咽还能减少饭量，从而起到预防和治疗肥胖的作用，同时能消除紧张情绪，改善胃肠血液循环。

合理的饮食环境：为了促进宝宝的食欲及营养的消化吸收，还应创造条件使宝宝心情愉快、安静进餐。比如，在进餐场所的墙面上贴一些水果、蔬菜的图画，进餐时播放一些轻音乐等，努力创设舒适的环境使宝宝心情愉快，有助于增强其胃肠的蠕动及消化液的分泌，增进食欲，促进

消化。

如果一个人进餐时经常心情压抑，就容易引起消化系统的疾病。因此，幼儿园老师在宝宝进餐前后及过程中不应对其进行训斥、责骂或惩罚，以保证宝宝愉快地进餐。此外，还有调查表明，和父母一起进餐的宝宝食欲好的占17.7%，独自进餐食欲好的则为13.4%，且独自进餐的宝宝大多只吃自己喜欢吃的食物，久之，会造成体内营养缺乏。可见，与父母一同愉快地进餐好处多多，宝宝也会吃得格外香甜。因此，建议家长营造温馨的用餐氛围，最好选择和宝宝一起进餐。

各类营养素的需求

家长们要了解3-6岁宝宝的营养需求，可以从宝宝对营养素的需求、宝宝膳食平衡宝塔、宝宝每日各类食物的具体需求上入手。

3-6岁宝宝的身体处于发育的关键期，所以要保证各类营养素的供给，这些营养素是维持宝宝生命、促进其生长发育以及进行活动的必要条件，3-6岁宝宝必须每天从食物中获取能量，以满足人体需要。3-6岁宝宝的乳牙已出齐，咀嚼能力增强，消化吸收能力已基本接近成年人，膳食可以和成年人基本相同，可与家人共餐。同时，也由于3-6岁宝宝的基础代谢率高，生长发育迅速，活动量比较大，所消耗的热量比较多，营养需求量仍相对较高。

3-6岁宝宝对水的需要：水是人类赖以生存的重要条件。各种营养素在人体内的消化、吸收、运转和排泄，都离不开水。水是构成人体组织的主要成分。水还能调节体温，并能止渴。体内的水量随年龄、性别、胖瘦的不同而不同。年龄越小，体内含水量越多。脂肪组织越多，含水量越少，所以，肥胖者体内含水量相对较少。水的需要量主要取决于人体的新陈代谢和热量的需要。此外，温度的变化、人的活动量和食物的性质，也影响水的需要量。3-6岁宝宝每日每千克体重对水的需要量为90~100毫升。腹泻、呕吐时排水量增多，对水的需要量也相对增多。

体内水的供给来源有三个：一是饮入的液体量；二是食物中所含的水分；三是碳水化合物、

脂肪和蛋白质在体内氧化时产生的水。体内水的排出有三个途径：一是通过肾脏排出；二是通过皮肤和肺排出；三是通过肠道排出。宝宝每天水的周转比成年人快，有利于排出体内的代谢物，但对缺水的耐受力较差，比成年人容易发生水液平衡失调。当水的摄入量不足时，则可发生脱水现象；反之，当摄入的液体量过多，则有可能发生水肿。

3-6 岁宝宝对热量的需要：热量是维持人体各种生理功能的重要因素，它来自食物中的产热营养素，即蛋白质、脂肪和碳水化合物，这些营养素在体内分解产生热量。每克蛋白质产生 16 千焦热量，每克脂肪产热 37 千焦，每克碳水化合物产热 16 千焦。对于 3-6 岁宝宝来说，热量主要用于维持基础代谢、生长发育、活动等方面的需要。

所谓基础代谢是指宝宝在安静的状态下维持体温、肌张力、心跳、呼吸、血压、器官活动和腺体分泌等生命活动所需要的热量。由于宝宝基础代谢率比成年人高，所需热量也相对较多。宝宝的生长发育需要大量热量。一般来说，每增加 1 克体重，需要摄入 20 千焦的热量。如果膳食热量供给不足，宝宝的生长发育就会受到影响。同时，宝宝活动越剧烈，持续时间越长，所消耗的热量也就越多。3-6 岁宝宝平均每日每千克需要 412 千焦热量，所需热量由三大营养素提供。这三种营养素的适宜比例为：蛋白质占 10%~15%，脂肪占 25%~35%，碳水化合物占 50%~60%。热量供给不足，可使宝宝发育迟缓，体重减轻；热量供给过多，又可能导致宝宝肥胖。

3-6 岁宝宝对蛋白质的需要：蛋白质由多种氨基酸组成，它是构成细胞组织的主要成分，是宝宝生长发育所必需的物质。3-6 岁宝宝正处于生长发育的关键时期，蛋白质的供给特别重要。每天应供给足量的蛋白质，一般每天需 45~55 克。对 3-6 岁宝宝来说，其热量需要量每日约为 6592 千焦，则蛋白质的供热量最好能达到每日 824 千焦。除了保证膳食中有足够的蛋白质以外，还应尽量使膳食蛋白质的必需氨基酸含量和

比例适合宝宝的需要，也就是说还要注意宝宝饮食中蛋白质的质量。这就要求膳食中，动物性蛋白质和大豆类蛋白质的量要占蛋白质总摄入量的1/2。可从鲜奶、鸡蛋、肉、鱼和大豆制品等食物中摄取，其余所需的 1/2 蛋白质可由谷类食物提供，如从粮食中获得。

3-6 岁宝宝对脂肪的需要：脂肪是一种富含热量的营养素。它主要供给人体热量，帮助脂溶性维生素吸收，构成人体各脏器、组织的细胞膜。储存在体内的脂肪还能防止体热散失及保护内脏不受损害。人体内的脂肪由食物所含脂肪供给或由摄入的碳水化合物和蛋白质转化而来。3-6 岁宝宝正处在生长发育期，需要的热量相对高于成年人。膳食中缺乏脂肪，往往导致宝宝体重不增、食欲差、易感染、皮肤干燥，甚至出现脂溶性维生素缺乏症；但热量摄入过多，特别是饱和脂肪酸摄入过多，体内脂肪储存就会增加，就容易造成肥胖，日后患动脉粥样硬化、冠心病、糖尿病等疾病的概率就会增加。脂肪的来源有动物脂肪和植物油。植物油中人体必需脂肪酸含量高，熔点低，常温下不凝固，容易消化吸收。动物油以饱和脂肪酸为主，含胆固醇较多。3-6 岁

宝宝每日膳食中脂肪的热量摄入量应占总热量的 30%~35%。这一数量的脂肪不仅能为宝宝提供所需的脂肪酸，而且有利于脂溶性维生素的吸收。在 3-6 岁宝宝的膳食中，供给的脂肪要适量，因为摄入过量的脂肪会增加脂肪储存，引起肥胖。

3-6 岁宝宝对碳水化合物的需要：碳水化合物是供给人体热量的营养素，也是体内一些重要物质的组成成分；它还参与帮助脂肪完成氧化，防止蛋白质消耗；神经组织只能依靠碳水化合物供能，碳水化合物对维持神经系统的功能活动有特殊作用。膳食中碳水化合物摄入不足可导致热量摄入不足，体内蛋白质合成减少，生长发育迟缓，体重减轻；如果碳水化合物摄入过多，导致热量摄入过多，则易造成脂肪积聚过多而致肥胖。许多食物含碳水化合物，如谷类、薯类、杂豆类（除大豆外的其他豆类）等。这些食物除含有大量碳水化合物外，还含有其他营养素，如蛋白质、矿物质、B 族维生素及膳食纤维等。因此，在安排宝宝的膳食时，应注意选用谷类、薯类和杂豆类食物，这样，既能为其提供碳水化合物，又能补充其他营养素。3-6 岁宝宝每日膳食中碳水化合物的热量摄入量应占总热量的 50%~60%。碳水化合物中的膳食纤维，可促进肠道蠕动，防止宝宝便秘。蔗糖等纯糖被人体摄取后会被迅速吸收，易以脂肪的形式储存，而引起肥胖、龋齿等问题。因此，3-6 岁宝宝不宜过多摄入糖，一般

每日以10克为限。

3-6岁宝宝对维生素的需要：维生素是人体内含量很少的一类低分子有机物质。它不能提供热量，一般也不作为人体构成成分，但对维持人体的正常生理功能有极其重要的作用。大部分维生素不能在体内合成或合成量不足，必须依靠食物来提供。宝宝生长发育所需要的维生素主要有以下几种。

1. 维生素A和胡萝卜素：维生素A主要存在于动物和鱼类的肝脏、乳汁及蛋黄内。有色蔬菜和水果，如胡萝卜、菠菜、杏、柿子等含胡萝卜素较多，胡萝卜素在人体内可转化成维生素A。维生素A是一种相对稳定的物质，耐热、耐酸、耐碱，不溶于水，在油脂内稳定，故经一般烹饪后损失少。维生素A能促进宝宝的生长发育，保护上皮组织，防止眼结膜、口腔、鼻咽及呼吸道的干燥损害，有间接增加呼吸道抵抗力的作用；还可维持正常视力，防止夜盲症的发生。宝宝的维生素A供给量为每日500~700微克，平时宜

多选用动物肝脏、鱼肝油、奶类与蛋黄类食物。

2. 维生素D：维生素D主要存在于动物肝脏、蛋黄等食物中。宝宝每日需要维生素D的量为10微克，可从鱼肝油、蛋黄、动物肝脏中摄取。矿物质中的钙、磷、铁及碘、锌等也应摄入足够，以保证骨骼和肌肉的发育。植物中的麦角固醇及人体皮肤、脂肪组织中的7-脱氢胆固醇通过暴露于阳光下的紫外线作用，可合成维生素D。维生素D的主要生理功能为调节钙磷代谢，帮助钙的吸收，促进钙沉着于新骨形成部位。宝宝如果缺乏维生素D，容易发生佝偻病及手足抽搐症。3-6岁宝宝维生素D的需要可由食物提供。户外阳光照射，也可促进维生素D合成，因此为了预防维生素D缺乏，应让宝宝多晒太阳。

3. 维生素B_1：维生素B_1能促进宝宝生长发育，调节碳水化合物代谢。缺乏维生素B_1时，宝宝生长发育迟缓，容易出现神经炎、脚气病（或者皮肤感觉过敏或迟钝、肌肉运动功能减退、心悸气短、全身水肿或急性心力衰竭）等。3-6岁宝宝需要每天从食物中补充维生素B_1，每日需求量在0.8~1.0毫克。谷物的胚和糠麸、酵母、坚果、豆类以及瘦肉等，都是维生素B_1的良好来

源，尤其是粮食的表皮含有丰富的维生素 B_1。

4. 维生素 B_2：维生素 B_2 对氨基酸、脂肪、碳水化合物的生物氧化过程及热量代谢极为重要。缺乏维生素 B_2 时，宝宝生长发育受阻，易患皮肤病、口角炎、唇炎等。3-6 岁宝宝需要每天从食物中补充维生素 B_2，每日供给 0.8~1.0 毫克。维生素 B_2 可从动物肝脏、奶类、蛋黄和绿色蔬菜中获取。

5. 维生素 B_6：维生素 B_6 对维持细胞免疫功能、调节大脑兴奋性有重要作用。维生素 B_6 可从肉、鱼、奶类、蛋黄、酵母、动物肝脏、全谷类和豆类等食物中摄取。

6. 维生素 C：维生素 C 具有氧化还原能力，参与多种生物效应。缺乏维生素 C，会导致维生素 C 缺乏症、牙质发育差等。3-6 岁宝宝对维生素 C 的每日需要量为 40~45 毫克，可以从山楂、橘子、芥菜和菜花等新鲜水果、蔬菜中摄取。

3-6 岁宝宝对钙的需要：钙是塑造骨骼的主要材料，也是人体含量最多的元素之一，其中 99% 的钙集中于骨骼和牙齿中。短暂的钙摄入不足或其他原因引起的钙减少，如由于急性血钙降低，神经兴奋性增高可引发手足抽搐，甚至惊厥。长期钙摄入量过低并伴有维生素 D 缺乏，可导致生长发育迟缓、软骨结构异常、骨钙化不良而出现多处骨骼畸形、牙齿发育不良等。宝宝正处于生长发育阶段，骨骼的增长最为迅速，在这一过程中需要大量的钙质。如果膳食中缺钙，宝宝就会出现骨骼钙化不全的症状，如鸡胸、O 型腿、X 型腿等。3-6 岁宝宝每日钙的适宜摄入量为 800 毫克。乳类含钙量高，易吸收，是 3-6 岁宝宝膳食钙的良好来源。在宝宝的膳食中可提供小虾、小鱼及一些坚果类，以增加钙摄入量。豆类、绿色蔬菜类也是钙的良好来源。

3-6 岁宝宝对碘的需要：从妊娠开始至出生后 2 岁的宝宝，其大脑发育必须依赖甲状腺激素的存在，而碘缺乏可致甲状腺激素分泌减少，导致不同程度的大脑发育落后。碘缺乏可引起单纯性地方性甲状腺肿大，宝宝可表现为体格发育迟缓、智力低下，严重的可致呆、傻等。3-6 岁宝宝每日碘的推荐摄入量为 9 微克。使用碘强化盐烹调的食物是碘的重要来源。含碘较高的食物主要有海产品，如海带、紫菜、海鱼、海虾和海贝类。3-6 岁宝宝每周应至少吃 1 次海产品。

3-6 岁宝宝对铁的需要：铁在人体内含量少而肩负的任务却十分重要。它不但是血液运输战线上的主力，构成血红蛋白、肌红蛋白的原料，而且还是一些维持人体正常活动的最重要的酶的成分，与能量代谢关系十分密切。铁缺乏引起的缺铁性贫血是儿童期最常见的疾病。3-6 岁宝宝每日铁的适宜摄入量为 12 毫克。人体对动物性食品中的血红素铁的吸收率一般在 10% 或以上，因此动物肝脏、动物血、瘦肉是铁的良好来源。膳食中丰富的维生素 C 可促进铁吸收。豆类、绿色蔬菜、红糖、禽蛋类虽为非血红素铁，但铁含量较高，也可被人体利用。

3-6 岁宝宝对锌的需要：锌是人体必需的微量元素之一，能维持正常的免疫功能，并且由于锌与多种酶及蛋白质的合成密切相关，能够促进细胞正常分裂、生长和再生，对生长发育旺盛的宝宝有重要的营养价值。

锌缺乏可引起食欲减退、味觉异常、生长迟缓、认知行为改变、影响智力发育、导致性功能

发育不良、成熟延迟、皮肤粗糙及色素增多等，使免疫功能降低，容易发生感染。由于味觉异常，宝宝可有吃墙土、吃纸等非食物异食癖表现。3-6 岁宝宝每日锌的推荐摄入量为 12 毫克。膳食中的锌来自食物，所有食物均含有锌，但不同食物中的锌含量和利用率差别很大，动物性食物中的锌含量和生物利用率均高于植物性食物。锌最好的食物来源首先是贝类食物，如牡蛎、扇贝等，利用率也较高；其次是动物的内脏（尤其是肝）、蘑菇、坚果类和豆类；肉类（以红肉为多）和蛋类中也含有一定量的锌。牛肉、羊肉中的锌含量高于猪肉、鸡肉、鸭肉。

平衡膳食宝塔及其应用

3-6 岁宝宝平衡膳食宝塔其实是将平衡膳食的原则转化成各类食物的重量，这样便于家长们在日常生活中真实地运用。宝塔共分为五层，包含了宝宝每天应吃的主要食物种类。首先，膳食宝塔各层位置和面积不同，这在一定程度上反映出各类食物在膳食中的地位和应占的比重。宝塔中还附有水和身体活动的形象，也强调出足量饮水和增加身体活动的重要性。其次，膳食宝塔中建议的各类食物摄入量都是指食物可食用部分的

生重。各类食物的重量不是指某一种具体食物的重量，而是一类食物的总量，因为在选择具体食物时，实际重量可以在互换表中查询。

宝宝膳食宝塔在实际应用上还有以下原则。

确定适合宝宝的能量水平：膳食宝塔建议的每日各类食物适宜摄入量范围适合一般健康的宝宝。在实际应用时，家长们应根据宝宝的具体年龄、性别、身高、体重、季节等情况适当调整。

食物同类互换，调配丰富膳食：吃多种多样的食物不仅是为了获得均衡的营养，也是为了使饮食更加多样化以满足我们的口味。假如每天都吃同样的 50 克肉、40 克豆，难免久食生厌，那么合理营养也就无从谈起了。膳食宝塔包含的每一类食物中都有许多的品种，虽然每种食物都与另一种不完全相同，但同一类中各种食物所含营养成分往往大体上相似，在膳食中可以互相替换。特别是由于对象是小朋友，在应用膳食宝塔时，家长们可把营养与美味结合起来，按照同类互换、多种多样的原则调配宝宝的一日三餐。

同类互换就是以粮换粮、以豆换豆、以肉换肉。例如大米可与面粉或杂粮互换，馒头可以和相应的面条、饼、面包等互换；大豆可与相当量的豆制品或杂豆类互换；猪瘦肉可与等量的鸡、鸭、牛、羊、兔肉互换；鱼可与虾、蟹等水产品互换；牛奶可与羊奶、酸奶、奶粉等互换。

多种多样就是选用品种、形态、颜色、口感多样的食物，变换烹调方法。例如每日吃 50 克豆类及豆制品，掌握了同类互换的原则就可以变换出数十种吃法。可以全量互换，全换成相当量的豆浆或豆干，今天喝豆浆、明天吃豆干；也可以分量互换，如 1/3 换豆浆、1/3 换腐竹、1/3 换豆腐，早餐喝豆浆、中餐吃凉拌腐竹、晚餐喝碗豆腐汤。

因地制宜，充分利用资源：由于我国幅员辽阔，各地的饮食习惯及物产不尽相同，只有因地制宜地充分利用当地资源，才能有效地应用膳食宝塔。例如牧区奶类资源丰富，该地区的宝宝可适当提高奶类摄取量；渔区的宝宝可适当提高鱼及其他水产品摄取量；农村山区的宝宝则可利用山羊奶以及花生、核桃等资源。在某些情况下，由于地域、经济或物产所限，无法采用同类互换原则时，也可以暂用豆类替代乳类、肉类；或用蛋类替代鱼、肉；不得已时也可用花生、核桃等坚果替代肉、鱼、奶等动物性食物。

养成习惯，长期坚持：膳食对健康的影响是长期的，应用平衡膳食宝塔来培养宝宝良好的饮食习惯并坚持不懈，才能充分体现其对健康的重大促进作用。

每日各类食物的需求

3-6 岁宝宝的膳食宝塔给出了宝宝们每天食物营养的大致需求，但是家长们一定要注意，每个宝宝的食量也会根据其生长速度、每日活动量和体质等不同而有所差别，最重要的是保证宝宝能吃到多种营养食物。

谷物：谷类食物分为全谷物和精制谷物。所有谷类的谷粒都有 3 个部分：胚乳、胚芽和糠皮。在制作的过程中，如不除去胚芽和糠皮，就是全谷类，如糙米、荞麦、燕麦、玉米、全麦面包。精制谷物在加工过程中去除了胚芽和糠皮，如玉米面包、白面包、面条、米饭和饼干等。由于谷类中的维生素、矿物质、膳食纤维及油脂大都存在于麸皮和胚芽中，因此，家长们在给宝宝吃的谷物中不应全部选择精米、精面类食物。谷类食物中含有帮助消化的膳食纤维和提供能量的碳水化合物。此外，谷物中还含有丰富的 B 族维生素，有些速食麦片能提供宝宝一天所需的多种维生素和矿物质。

蔬菜：蔬菜富含膳食纤维、维生素 A、维生素 C 和钾。此外，大多数还含有抗氧化成分，这些成分也许能降低以后患癌症和心脏病的风险。给宝宝做饭时，应注意将蔬菜切小、切细，方便宝宝咀嚼和吞咽。同时，还要注重蔬菜品种、颜色和口味的变化，从而鼓励宝宝多吃蔬菜。蔬菜根据颜色深浅，可以分为深色蔬菜和浅色蔬菜，深色蔬菜的营养价值一般优于浅色蔬菜。深色蔬菜是指深绿色、红色、橘红色和紫红色蔬菜，其中富含胡萝卜素，是中国居民膳食维生素 A 的主要来源，深色蔬菜还含有其他多种色素物质和芳香物质，可以增进食欲。常见的深绿色蔬菜有菠菜、油菜、芹菜、空心菜、西蓝花等。常见的红色、橘红色蔬菜包括西红柿、胡萝卜、南瓜等。常见的紫红色蔬菜是红苋菜、紫甘蓝等。

水果：水果也能提供大量膳食纤维、维生素 A、维生素 C 和钾。此外，水果含有的抗氧化成分具有抗病能力，可以降低以后患癌症和心血管疾病的风险。水果中的碳水化合物、有机酸和芳

香物质含量比新鲜蔬菜多，而且水果食用前不用加热，其营养成分不受烹调因素的影响。特别需要注意的是，不能用果汁代替水果，因为果汁是水果经压榨去掉残渣而制成的，这些加工过程会使水果中的营养成分如维生素 C、膳食纤维等发生一定量的损失。如要喝，最好亲自给宝宝做，并且做完后马上就喝。

奶类：多数奶制品都富含强化牙齿和骨骼的钙质，这些钙质吸收率高，是宝宝最理想的钙源。每天喝 300~600 毫升牛奶，就能保证宝宝的钙摄入量达到适宜水平。奶制品还是很好的蛋白质来源，如果宝宝不喜欢吃肉，多吃奶制品也可以补充蛋白质。

给宝宝选择牛奶时，要特别注意不要用含乳饮料来代替液体牛奶。含乳饮料不是奶，而是低蛋白、低钙、高糖以及添加了多种添加剂的产品。选择的时候首先要看产品包装上是否有“饮料”或“含乳饮料”的标注；其次看成分表，液体牛奶的成分表上只有纯鲜牛奶一种，而含乳饮料的首要成分则是纯净水；最后通过看蛋白质含量也能辨别含乳饮料和液态牛奶，液态牛奶的蛋白质含量为 2.3%~2.9%，含乳饮料则是由奶粉加水、糖、香精、增稠剂及其他配料制成的。

值得注意的是，宝宝从吃母乳或配方奶粉改为喝牛奶时，医生会建议给宝宝喝全脂牛奶。3-6 岁宝宝每天喝 250 毫升左右的牛奶比较合适。但随着宝宝年龄增大，生长速度放缓，对脂肪的需求也会相应减少。如果你的宝宝已经是个小胖子，每天喝的奶量又很多，就意味着你应该开始给宝宝吃低脂奶制品了。如果宝宝不喜欢脱脂牛奶的口感，就要慢慢转变，先给其喝低脂的，最后再喝完全脱脂的。其他奶制品也应该尽量选择低脂的品种。

肉类和豆类：家长们不要被这个名字“骗”住了，实际上这一类指的是所有能提供蛋白质的食物，包括肉类和豆类，还有鱼类、蛋类和坚果类。这些食物能为宝宝提供铁、锌和部分 B 族维生素。我国 3-6 岁宝宝铁的适宜摄入量为每天 12 毫克，锌的推荐摄入量与铁相同，碘的推荐摄入量为每天 50 微克。在我国农村，还有相当数量的 3-6 岁宝宝的动物性食物的消费量很低，应适当增加肉类的摄入量。但城市中部分宝宝的膳食中优质蛋白质的比例已满足需要甚至超过了身体所需。如果宝宝主要吃猪肉，建议调整肉食结构，适当增加鱼、禽类，推荐每日摄入量 30~50 克，最好经常变换种类。大豆类食物富含蛋白质和多种不饱和脂肪酸等，营养价值很高，但如果宝宝因为这类食物有豆腥味儿不喜欢吃，可以在烹调过程中采取适当的方法去除豆腥味。如将大豆磨成粉后与面粉一起制作糕饼，在炒黄豆前用凉盐水将其洗一下等。同时，要给宝宝解释吃大豆类食物的好处。但注意不要逼宝宝吃，以免其产生逆反情绪。此外，也可以选择大豆制品如豆腐、豆浆、豆芽等给宝宝吃。

宝宝膳食营养原则

3-6 岁宝宝与婴幼儿时期相比，生长速度减慢，各身体器官持续发育并逐渐成熟，此时，了解该阶段宝宝的膳食营养原则非常有必要。

食物多样，谷类为主

3-6 岁宝宝正处在生长发育的关键期，新陈代谢旺盛，对各种营养素的需要量高于成人，合理的营养不仅能保证他们的正常生长发育，也可为其成年后的健康打下良好基础。人类的食物是多种多样的，各种食物所含的营养成分不完全相同，任何一种天然食物都不能提供人体所必需的全部营养素。宝宝的膳食必须是由多种食物组成的平衡膳食，才能满足其各种营养素的需要，因而提倡给宝宝食用多种食物。

谷类食物是人体能量的主要来源，也是我国传统膳食的主体，可为宝宝提供碳水化合物、蛋白质、膳食纤维和 B 族维生素等。3-6 岁宝宝的膳食也应该以谷类食物为主体，并适当注意粗、细粮的合理搭配。

营养需均衡

为了让 3-6 岁宝宝获得足够的营养，对某些有益身体的食物，很多家长总想让宝宝多吃一点儿，以为吃得越多，身体吸收就越多。其实吃得多并不等于吃得健康，营养虽好，但吃得太多也容易给宝宝稚嫩的胃肠造成负担。将不同营养合理地分配在宝宝的每一餐也是家长们的必修课。

任何一种食物，无论它是植物性的还是动物

性的，都不可能满足人体对各种营养素的需要。特别是对于成长中的宝宝来说，每天都应该摄取包括粮谷、薯类的主食，鱼、蛋、肉、奶、豆类副食，蔬菜、水果等多种食物，以满足身体对蛋白质、碳水化合物、维生素、矿物质或其他营养素的需要。家长们可以把这些食物进行科学搭配，通过主副食搭配、粗细搭配、荤素干湿结合，将不同的营养素均衡分布于宝宝一日三餐及点心中，让宝宝获得合理的营养。

补充蛋白质、矿物质、维生素

“五谷为养”“五畜为益”，就是说在主食之外，加些肉食有益于身体。对于正在快速发育的宝宝来说，肉类可提供蛋白质、B 族维生素及铁、锌等微量元素。其中蛋白质对宝宝的生长发育非常重要，蛋白质参与制造肌肉、血液和各种身体器官，构成酶、激素、抗体等体内具有重要生理作用的物质。经常适量吃肉是让宝宝健康成长的重要内容。除了适量吃肉之外，家长们还可通过牛奶、豆浆、豆类制品等为宝宝提供蛋白质。

同时，矿物质与维生素也不能少。矿物质与维生素对正处于快速成长阶段的宝宝的帮助可不小。矿物质参与构成人体组织结构，维生素是维持人体正常生理功能的重要物质，因此家长们可多为宝宝准备一些富含矿物质与维生素的食物，如鱼类、肉类、谷类、动物肝脏、动物血、黑木耳、红枣、花生、玉米、鸡蛋和海带等。

常食鱼、禽、蛋、瘦肉

鱼、禽、蛋和瘦肉等动物性食物是优质蛋白质、脂溶性维生素和矿物质的良好来源。动物蛋白质的氨基酸组成更适合人体需要，且赖氨酸含量较高，有利于补充植物蛋白质中赖氨酸的不足。人体对肉类中铁的利用率较高，鱼类特别是海产鱼所含不饱和脂肪酸有利于宝宝神经系统的发育。动物肝脏含维生素 A 极为丰富，还富含维生素 B_2、叶酸等。在我国农村，还有相当数量的 3-6 岁宝宝的动物性食物的消费量很低，应适当增加这类食物的摄入量。而部分城市中的 3-6 岁宝宝膳食中优质蛋白质比例已满足需要甚至过多，而谷类和蔬菜的消费量明显不足，这对宝宝的健康不利。鱼、禽、蛋和瘦肉等含蛋白质较高、饱和脂肪酸较低，建议宝宝可经常吃这类食物。

正确选择零食

3-6 岁宝宝胃容量小，肝脏中的糖原储存量少，又活泼好动，容易饥饿。应通过适当增加餐次来适应 3-6 岁宝宝消化功能的特点，以一日“三餐两点”制为宜。早、中、晚餐之间加适量的加餐食物，既保证了营养需要，又不增加胃肠道负担。通常情况下，三餐能量分配中，早餐提供的能量约占一日的 30%（包括上午 10 点的加餐），午餐提供的能量约占一日的 40%（含下午 3 点的午点），晚餐提供的能量约占一日的 30%（含晚上 8 点的少量水果、牛奶等）。

零食是 3-6 岁宝宝饮食中的重要内容，应科学对待、合理选择。零食是指正餐以外所进食的食物和饮料。对 3-6 岁宝宝来讲，零食是指一日三餐两点之外添加的食物，用以补充不足的能量和营养素。3-6 岁宝宝新陈代谢旺盛，活动量多，所以营养素需要量相对比成人多，水分需要量也大，建议 3-6 岁宝宝每日饮水量为 1000~1500 毫升，其饮料应以白开水为主。目前市场上许多含糖饮料和碳酸饮料，过多地饮用这些饮料，不仅会影响宝宝的食欲，使宝宝容易发生龋齿，而且还会造成能量摄入过多，不利于宝宝的健康成长。零食品种、进食量以及进食时间是需要特别考虑的问题。在选择零食时，建议多选用营养丰富的食物，如乳制品（液态奶、酸奶）、鲜鱼虾仁制品（尤其是海产品）、鸡蛋、豆腐或豆浆、各种新鲜蔬菜水果及坚果类食物等，少选用油炸食品、糖果、甜点等。

进食量与体力活动需平衡

进食量与体力活动是控制体重的两个主要因素。食物为人体提供能量，而体力活动消耗能量。如果进食量过大而活动量不足时，多余的能量就会在体内以脂肪的形式堆积而使体重过度增长，久之导致肥胖。相反，若食量不足，活动量又过大时，可能由于能量不足而引起消瘦，造成活动能力和注意力下降，因此宝宝需要保持食量与能量消耗之间的平衡。消瘦的宝宝则应适当增加食量和油脂的摄入，以维持正常生长发育的需要和适宜的体重增长；肥胖的宝宝应控制总进食量和

高油脂食物的摄入量，适当增加活动（锻炼）强度及持续时间，在保证营养素充足供应的前提下，适当控制体重的过度增长。

对于生长发育活跃的3-6岁宝宝来说，总能量供给与能量消耗应保持平衡。长期能量摄入不足可导致宝宝生长发育迟缓、消瘦和抵抗力下降，相反，能量摄入过多可导致超重和肥胖，这两种情况都将影响宝宝的正常发育和健康。据目前我国各大城市和部分农村的调查显示，儿童肥胖的比例日益增高，肥胖已经成为我国儿童主要的健康问题之一。因此，需要定期测量宝宝的身高和体重，关注其增长趋势，建议多做户外活动，维持正常的体重增长。

培养良好的饮食习惯

3-6岁宝宝开始具有一定的独立活动能力，模仿能力强，兴趣增加，易出现饮食无规律、食物过量等情况。当受冷受热、患有疾病或情绪不安时，易影响消化功能，可能造成其厌食、偏食等不良饮食习惯。

3-6岁宝宝是培养良好饮食行为和习惯的最重要和最关键阶段。帮助3-6岁宝宝养成良好的饮食习惯，需要注意以下方面。

1. 合理安排饮食，一日三餐间加1~2次点心，定时、定量用餐。

2. 饭前不吃糖果、不饮汽水等零食。

3. 饭前洗手，饭后漱口，吃饭前不做剧烈运动。

4. 让宝宝养成自己吃饭的习惯，自己使用筷、匙，既可增加进食的兴趣，又可培养宝宝的自信心和独立能力。

5. 吃饭时尽量保持专心，不边看电视边吃或边玩边吃。

6. 不要一次给宝宝盛太多的饭菜，先少盛，吃完后再添，以免养成剩菜、剩饭的习惯。

7. 吃饭应细嚼慢咽，但也不能拖延时间，最好能在30分钟内吃完；不要急于求成，强迫宝宝吃某种他不喜欢的食物，这样会加深宝宝对这种食物的厌恶感。

8. 不要吃一口饭喝一口水或经常吃汤泡饭，这样容易稀释消化液，影响消化与吸收。

9. 不挑食、不偏食，在许可范围内允许宝宝选择食物。

10. 不宜用食物作为奖励，避免诱导宝宝对某种食物产生偏好。家长和看护人应以身作则、言传身教，帮助孩子从小养成良好的饮食习惯和行为。

良好饮食习惯的形成有赖于父母和幼儿园教师的共同努力。3-6岁宝宝对外界好奇，易分散注意力，对食物不感兴趣。家长或看护人不应过分焦急，更不能采用威逼利诱等方式，防止孩子养成拒食的不良习惯。这时期的孩子20颗乳牙已出齐，饮食要供给充足的钙、维生素D等营养素。要教育孩子注意口腔卫生，少吃糖果等甜食，饭后漱口，睡前刷牙，预防龋齿。

宝宝四季饮食要点

春、夏、秋、冬四季气候各不同，宝宝的饮食也应随季节而变，季节不同，宝宝的饮食搭配也应各具特点。

春季饮食要点

春天是万物生长的季节，也是孩子身体发育的最佳时机，对于生机蓬勃、发育迅速的小儿来说，春天更应注意饮食调养，以保证其健康成长。

保证营养摄入丰富均衡。钙是必不可少的，应多给宝宝吃一些鱼、虾、鸡蛋、牛奶和豆制品等富含钙质的食物，并尽量少吃甜食、油炸食品，少喝碳酸饮料，因为它们是导致钙质流失的“罪魁祸首”。蛋白质也是不可或缺的，鸡肉、鱼肉、豆类都是不错的选择。

早春时节，气温仍较寒冷，人体为了御寒要消耗一定的能量来维持基础体温，所以早春期间的营养构成应以高热量为主，除豆类制品外，还应选用芝麻、花生、核桃等食物，以便及时补充能量。由于寒冷的刺激可使体内的蛋白质分解加速，导致人体抵抗力降低而致病，因此，早春时节还需要注意给小儿补充优质蛋白质食品，如鸡蛋、鱼类、虾、牛肉、鸡肉、兔肉和豆制品等。上述食物中所含的丰富的蛋氨酸具有增强人体耐寒能力的功能。

春天气温变化较大，细菌、病毒等微生物开始繁殖，活动力增强，容易侵犯人体，所以在饮食上应摄取足够的维生素和矿物质。小白菜、油

菜、青椒、西红柿、鲜藕、豆芽等新鲜蔬菜和柑橘、柠檬、草莓、山楂等水果富含维生素 C，具有抗病毒作用；胡萝卜、苋菜、油菜、雪里蕻、西红柿、韭菜、豌豆苗等蔬菜和动物肝脏、蛋黄、牛奶、鱼肝油等动物性食品富含维生素 A，具有保护上呼吸道黏膜和呼吸器官上皮细胞的功能，从而可抵抗各种致病因素的侵袭。也可多吃含有维生素 E 的芝麻、圆白菜、菜花等食物，以提高人体免疫功能，增强人体的抵抗力。春天多风，天气干燥，妈妈一定要注意及时为宝宝补充水分。另外，还要注意尽量少让宝宝吃膨化食品，以免导致上火；荔枝、桂圆等水果也不宜食用过多。

夏季饮食要点

炎热的夏季，是人体能量消耗最大的季节。这时，人体对蛋白质、水、矿物质、维生素的需求量有所增加，对于生长发育处于旺盛期的宝宝更是如此。

首先是对蛋白质的需要量增加。夏季，蛋白分解代谢加快，大量微量元素及维生素随汗液流失，人体的抵抗力降低。在膳食调配上，要注意食物的色、香、味，多在烹调技巧上用心，以促进孩子食欲。可多吃些凉拌菜、豆制品、新鲜蔬菜、水果等。夏季可以给孩子多吃一些具有清热祛暑功效的食物，例如苋菜、莼菜、绿豆、茄子、藕、绿豆芽、西红柿、丝瓜、黄瓜、冬瓜、西瓜等。尤其是西红柿和西瓜，既可生津止渴，又有滋阴作用，另外，还可选食小米、豆类、猪瘦肉、动物肝脏、蛋类、牛奶、鸭肉、红枣、香菇、紫菜和梨等，以补充流失的维生素。

同时，由于夏季气温高，宝宝的消化酶分泌较少，容易引起消化不良或感染肠道传染病，需要适当地为宝宝增加食量，以保证足够的营养摄入。最好吃一些清淡、易消化、少油腻的食物，如黄瓜、西红柿、莴笋等含有丰富维生素 C、胡萝卜素和矿物质等营养物质的食物。还应多食用牛奶、鸡蛋、瘦肉、鱼等富含优质蛋白质的食物，此外，豆浆、豆腐等豆制品，它们所含的植物蛋白质最易被宝宝吸收。多变换花样、品种，以增进宝宝食欲，在烹调时，宜选用清炖的方式，不宜用油煎炸。

白开水是宝宝夏季最好的饮料。夏季，宝宝出汗多，体内的水分流失也多。宝宝对缺水的耐受性比成年人差，若有口渴的感觉时，其实体内的细胞已有脱水的现象了，脱水严重还会导致发热。宝宝从奶和食物中获得的水分约 800 毫升，但夏季，宝宝应摄入 1100~1500 毫升的水，因此，多给宝宝喝白开水非常重要，可起到解暑与缓解便秘的双重作用。由于天热多汗，人体内大量盐分随汗液排出体外，缺盐易使渗透压失衡，影响代谢，人体易出现乏力、厌食等症状。夏季应适量补充盐分，不可过多或太少。

冷饮、冷食吃得过多，会冲淡胃液，影响消化，并刺激肠道，使肠蠕动亢进，缩短食物在小肠内停留的时间，影响孩子对食物中营养成分的吸收。特别是幼儿的胃肠道功能尚未发育健全，黏膜、血管及有关器官对冷饮、冷食的刺激尚不适应，多食冷饮、冷食，易引起腹泻、腹痛及咳嗽等症状，甚至诱发扁桃体炎。

秋季饮食要点

秋天，秋高气爽，五谷飘香，是气候宜人的季节。此时，人体的能量消耗逐渐减少，食欲也开始增加。因此，家长可根据秋天季节的特点来调整饮食，使宝宝能摄取充足的营养，促进孩子的成长发育，补充夏季的消耗，并为越冬做准备。

金秋时节，果实大多成熟，瓜果、豆荚类蔬菜种类很多，鱼类、肉类、禽类、蛋类也比较丰富。秋季饮食构成应以滋阴祛燥为主。事实证明，秋季应多吃芝麻、蜂蜜、蜂乳、甘蔗等食物，水果应多吃雪梨、鸭梨。梨营养丰富，含有蛋白质、脂肪、葡萄糖、果糖、维生素和矿物质，不仅是人们喜爱吃的水果，也是治疗肺热痰多的良品。

对素来体弱、脾胃不好、消化不良的宝宝来说，可以吃一些具有健补脾胃的食品，如莲子、山药、芡实、板栗等。鲜莲子可生食，也可做肉菜、糕点或蜜饯。干莲子的营养丰富，能补中益气、健脾止泻。山药不但含有丰富的淀粉、蛋白质、矿物质和多种维生素等营养物质，还含有膳食纤维和黏液蛋白，有良好的滋补作用。芡实是进补的佳品，具有补肾健脾的功效。板栗可与大米共煮粥，加糖食用，也可做板栗鸡块等菜肴，有健脾养胃、补肾益气的作用。

秋季饮食要遵循“少辛增酸”的原则，即少吃一些辛辣的食物，如葱、姜、蒜、辣椒等，多吃一些酸味的食物，如乌梅、山楂、橘子等。

此外，由于秋季较为干燥，饮食不当很容易出现嘴唇干裂、鼻腔出血、皮肤干燥等上火现象，因此家长们还应多给宝宝吃些润燥生津及有助于消化的水果蔬菜，如胡萝卜、冬瓜、银耳、莲藕、香蕉、柚子和甘蔗等。另外，及时为宝宝补充水分也是相当必要的，除日常饮用白开水外，妈妈还可以用雪梨或柚子皮煮水给宝宝喝，同样能起到润肺止咳、健脾开胃的功效。

秋季，宝宝易患消化系统疾病，需特别注意饮食卫生，少喝冷饮，以免对其幼嫩的胃肠造成刺激。此外，西瓜属性寒之果品，秋季多食易伤脾胃，因此不宜让宝宝多吃。

秋季天气逐渐转凉，是流行性感冒多发的季节，家长们要注意在日常饮食中让宝宝多吃一些富含维生素A及维生素E的食品，增强其免疫力，预防感冒，奶制品、动物肝脏、坚果都是不错的选择。另外，秋季是收获的季节，果蔬丰富，大部分绿色蔬菜及红黄色水果中都富含维生素，建议宝宝多吃。

冬季饮食要点

冬季气候寒冷，受寒冷气温的影响，人体的生理和食欲均会发生变化。因此，合理地调整饮食，保证人体必需营养素的充足，对提高宝宝的免疫力是十分必要的。这期间，家长们需要了解冬季饮食的基本原则，从饮食着手，增强宝宝的身体抗寒力和抗病力。

宝宝冬天的营养应以增加热量为主，可适当多摄入富含碳水化合物和脂肪的食物，还应摄入充足的蛋白质，如瘦肉、鸡蛋、鱼类、乳类、豆类及其制品等。这些食物所含的蛋白质不仅利于人体消化吸收，而且富含人体必需氨基酸，营养价值较高，可增加人体耐寒力和抵抗力。

冬季，宝宝们的户外活动相对较少，接受室外阳光照射的时间也短，很容易缺乏维生素D，这就需要家长定期给宝宝补充维生素D，每周2~3次，每次400 IU。同时，寒冷气候使人体氧化功能加快，维生素B_1、维生素B_2的代谢也明显加快，饮食中要注意及时补充富含维生素B_1、维生素B_2的食物。维生素A能增强人体的耐寒力，维生素C可提高人体对寒冷的适应能力，并且对血管具有良好的保护作用。同时，有医学研究表明，如果体内缺少矿物质就容易产生怕冷的感觉，要帮助宝宝抵御寒冷，建议家长们在冬季多让孩子摄取根茎类蔬菜，如胡萝卜、土豆、山药、红薯等，这些蔬菜的根茎中所含矿物质较多。

冬季是最适宜滋补的季节，对于营养不良、抵抗力低下的宝宝更宜进行食补，食补有药物所不能替代的效果。

宝宝饮食之宜

其实，饮食的宜与忌就是一种筛选后的健康饮食习惯。自然，3-6 岁宝宝的饮食习惯也需要家长们多加关注。

宜粗细搭配

3-6 岁宝宝的饮食更需要讲究粗细搭配。各种杂粮各有长处，如小麦含钙高；小米中的铁和 B 族维生素含量较高；糯米、玉米、绿豆等含有的营养成分也各有千秋。

一般情况下一天宜吃一顿粗粮、两顿细粮。宜选用易于消化吸收的粗粮，如玉米面、全麦粉等。细粮可选用白面、大米。但主食总量应适当控制，一般控制在 250~400 克即可。

宜吃七分饱

宝宝全身各个器官都处于稚嫩的阶段，活动能力较为有限。父母在给宝宝喂食时一定要把握好度，使宝宝能始终保持正常的食欲，以七分饱为最佳，这样既能保证其生长发育所需营养，又不会因吃得太饱加重消化器官的工作负担。

如果宝宝长期吃得过多，极易导致脑疲劳，影响大脑的发育，以致智力偏低。此外，吃得过饱还会造成肥胖，从而严重影响骨骼生长，限制宝宝身高发育。

宜清淡、少盐、少油脂

家长们在为宝宝烹调加工食物时，宜清淡少盐，同时应尽可能保持食物的原汁原味，让孩子品尝和接受各种食物的自然味道。

为了保护宝宝较敏感的消化系统，避免干扰或影响宝宝对食物本身的感知和喜好、食物的正确选择和膳食多样的实现，预防偏食和挑食的不良饮食习惯，宝宝的膳食应清淡、少盐、少油脂。

宜多吃新鲜蔬果

3-6 岁宝宝由于身体发育的关系，对维生素的需求比较大，而大部分维生素不能在体内合成或合成量不足，必须依靠食物来提供。此时，家长们应鼓励 3-6 岁宝宝适当多吃蔬菜和水果。蔬菜和水果所含的营养成分并不完全相同，不能相互替代。在制备宝宝膳食时，应注意将蔬菜切小、切细，以利于宝宝咀嚼和吞咽，同时还要注意蔬菜水果品种、颜色和口味的变化，引起宝宝多吃蔬菜水果的兴趣。

宜每天饮奶

奶类是一种营养成分齐全、组成比例适宜、易消化吸收、营养价值很高的天然食品。除含有丰富的优质蛋白质、维生素 A、维生素 B_2 外，含钙量较高，且利用率也很好，是天然钙质的极好来源。宝宝摄入充足的钙有助于增加骨密度，从而推迟其成年后发生骨质疏松症的时间。目前我国居民膳食提供的钙普遍偏低，因此，应鼓励处于快速生长发育阶段的 3-6 岁宝宝每日饮奶。

宜食用大豆及其制品

大豆富含优质蛋白质、不饱和脂肪酸、钙及维生素 B_1、维生素 B_2、烟酸等。为提高农村儿童的蛋白质摄入量及避免城市中由于过多消费肉类等带来的不利影响，建议常吃大豆及其制品。

3-6 岁宝宝骨骼钙每日平均储留量为 100~150 毫克，3-6 岁宝宝钙的适宜摄入量为 800 毫克每天。奶及奶制品的钙含量丰富，吸收率高，是宝宝最理想的钙来源。每日饮用 300~600 毫升牛奶，可保证 3-6 岁宝宝钙摄入量达到适宜水平。豆类及其制品中含钙量也较丰富。

宜保持营养均衡

虽然钙是让骨骼结实、促进身体长高的重要元素之一，但仅仅重视补钙是不利于孩子全面成长的。那如何吃才能让孩子长得高、长得好呢？

补钙的方式有两种：注射钙剂和饮食补钙。最常用、最传统的补钙食物莫过于奶类及奶制品，这类食物不仅含钙丰富，而且容易吸收。

奶和奶制品还含有丰富的矿物质和维生素，其中的维生素 D 可以促进钙的吸收和利用。酸奶也是一类非常好的补钙食品，它不仅可以补钙，其中的有益菌还可以调节肠道功能，适合各类人群。对于那些不喜欢牛奶或者对乳糖不耐受的孩子来说，可以多食用一些替代食物，如牡蛎、紫菜、大白菜、菜花、芥菜和小白菜等。不过，补钙也应适量，过量则有害，所以补钙一定要在监测骨钙的基础上才安全，且应以食补为主。

人体的长高，取决于骨骼的生长发育，其中下肢长骨的增长与身高最为密切。也就是说，只有长骨中骺软骨细胞不断生长，人体才会长高。钙、磷是骨骼的主要成分，所以要多食用牛奶、虾皮、豆制品、猪排骨、骨头汤、海带、紫菜等含钙、磷丰富的食物。另外，要到户外多晒太阳，

对于宝宝的生长发育，应注意以下问题。

尽量少食加工食品，因为这些食品大多含有日常饮食中并不缺乏的碳水化合物、脂肪，而缺少宝宝生长所必需的微量元素、维生素，并且多含有色素、香精、增稠剂及其他食品添加剂等。这些加工食品若长期食用，不仅会造成宝宝食欲低下、贫血，还会加重宝宝尚未发育成熟的肝、肾的负担，导致宝宝内分泌受到影响，或早熟，或肥胖，从而影响生长发育。

要尽可能保持营养均衡，防止宝宝偏食、挑食、厌食等，保证宝宝免疫系统得到相应营养物质的滋养，增强免疫力，防止出现哮喘、支气管炎、感冒、皮肤瘙痒等疾病。

宜补充含钙、磷丰富的食物

钙是构成骨骼最重要的物质，随着年龄的增长，宝宝对钙的需求逐渐增加。所以，应在日常饮食中给宝宝及时补充钙质。宝宝缺钙严重时，肌肉、肌腱均松弛。如果腹壁肌肉、肠壁肌肉松弛，可引起肠腔内积气而形成腹部膨大如蛙腹状。缺钙的表现各种各样，家长应学会根据宝宝的表现判断自己的宝宝是否缺钙，以便在缺钙时及时给宝宝提供含钙丰富的食物。

增加紫外线照射机会，以利于体内合成维生素 D，促使胃肠对钙、磷的吸收，从而保证骨骼的健康成长。

宜补锌

锌能促进宝宝的生长发育。处于生长发育期的宝宝如果缺锌，会发育不良。严重时缺锌将会导致侏儒症和智力发育不良。

锌能维持宝宝正常的食欲。缺锌会导致味觉下降，出现厌食、偏食甚至异食症状。锌还能增强宝宝的免疫力。锌元素是免疫器官胸腺发育的营养素，只有锌量充足才能有效保证胸腺发育，正常分化 T 淋巴细胞，促进细胞免疫功能。锌会影响维生素 A 的代谢和视觉，锌在临床应用中表现为对眼睛有益，就是因为锌有促进维生素 A 吸收的作用。

锌元素主要存在于动物性食品中，在平时的饮食中，要让孩子适当吃瘦肉、动物内脏、鱼、虾等。尽量避免长期吃精制食品，饮食注意粗细搭配。已经缺锌的宝宝可以选择服用补锌制剂，为利于吸收，口服锌剂最好在饭前 1~2 小时进行；补锌的同时还应增加蛋白质摄入以及治疗缺铁性贫血，这样可使锌缺乏症状改善得更快。不过还应注意的是，人体内锌过量也会带来诸多危害。虽然锌是参与免疫功能的一种重要元素，但是锌过量时能抑制吞噬细胞的活性和杀菌功能，从而降低人体的免疫功能，使抵抗力减弱，增加对疾病的易感性。

宜补铁

宝宝由于发育得快，需铁量也相对较多，所以缺铁对孩子的健康成长有很大的威胁。缺铁性贫血症可能引起胃酸减少，肠黏膜萎缩，影响胃肠道正常消化吸收，引起营养缺乏及吸收不良综合征等，从而影响宝宝正常的生长发育。缺铁时，人体肌红蛋白合成受阻，可引起肌肉组织供氧不足，运动后易发生疲劳、乏力、活动力减退等情况，从而影响宝宝的活动能力。缺铁还会影响智力发育，患缺铁性贫血的儿童有反应能力低下、注意力不集中、记忆力差、易动怒和智力减退等表现。当体内铁元素缺乏时，可使许多与杀菌有关的含铁酶以及铁依赖性酶活力下降，还可直接影响淋巴细胞的发育与细胞免疫功能。

日常供给的食物一定要结合小儿年龄、消化

功能等特点。食物营养素要齐全，量和比例要恰当，不宜过于精细、含糖过多、过于油腻。品种要多样化，烹调时尽量不要破坏营养物质，并且做到色、香、味俱佳，以增加小儿食欲。要多吃新鲜蔬菜、水果。新鲜蔬菜、水果等富含维生素C，有助于食物中铁的吸收。由于每一种食物都不能供给人们所必需的全部营养成分，所以膳食的调配一定要平衡。

宜食用能健脑的食物

适当给孩子补充下面这些食物可使脑神经细胞活跃，增强思考及记忆力，促进智力发展。

1. 蔬菜类。茼蒿可降压补脑；佛手含锌较多，有助于提高智力；菠菜含大量抗氧化剂，有助于防止大脑功能衰退。

2. 五谷类。黄豆含不饱和脂肪酸和大豆磷脂，能健脑；小麦胚芽富含谷胱甘肽，在硒元素参与下，可使体内致癌物失去毒性，保护大脑。

3. 水果、坚果类。樱桃能增强体质，健脑益智；核桃营养丰富，对大脑神经大有补益，是健脑、补脑的佳品；香蕉富含蛋白质、糖、钾、磷等多种营养物质，常食可健脑；莲子有养心安神的功效，常食可健脑、增强记忆力；火龙果含花青素，有抗氧化的作用，能提高对脑细胞病变的预防能力；蓝莓能增强脑力、抗氧化。

4. 肉、蛋类。鹌鹑蛋富含卵磷脂和脑磷脂，是高级神经活动不可缺少的营养物质，有健脑作用；鲫鱼有健脑益智的作用；鳙鱼有止头眩、益脑髓的功效，常食可健脑益智、增强记忆力；牛肉中肌氨酸含量最高，可提高智力；鸡蛋富含DHA和卵磷脂，对神经系统和身体发育有利，能健脑益智。

宜食用能提高免疫力的食物

平时饮食中注意给孩子食用以下这些食物，能有效提高孩子的免疫力。

1. 胡萝卜。胡萝卜素具有保护宝宝呼吸道免受感染、促进视力发育的功效。

2. 香菇。香菇含多种氨基酸和酶，常吃香菇或喝香菇汤可提高人体的免疫功能，不易患呼吸道感染性疾病，还可净化血液中的毒素，对预防小儿白血病很有帮助。

3. 苦瓜。苦瓜中含有一种活性蛋白质，能激发人体免疫系统的防御功能，增强免疫细胞的活力，从而增强身体的抵抗力。夏季，宝宝比大人更易上火，吃些苦瓜有助于宝宝消除暑热，预防中暑、胃肠炎、咽喉炎等疾病。

4. 西红柿。西红柿中含有大量的维生素C，宝宝多吃西红柿可摄取丰富的维生素C，提高抵抗力，降低呼吸道感染的发病率。

5. 黑木耳。常吃黑木耳可将肠道中的毒素带出，净化宝宝胃肠；还可降低血液黏稠度，防止心脏病发生。现今很多宝宝体重超重，血脂偏高，所以从小多吃一些黑木耳，对日后的身体健康将大有益处。

宜食用能保护视力的食物

宝宝3~5岁时，可用手势、动物形象视力表给其检查视力，但需注意的是，父母要早一些在家中耐心教会宝宝认识视力表，并要反复测查，否则会影响结果的准确性。宝宝5岁以上用成人视力表检查。

一般可从2岁开始测视力，宝宝不同年龄段正常视力为：2岁为0.4~0.5，3岁为0.5~0.6，4岁为0.7~0.8，5岁为0.8~1.0，6岁为1.0或以上。按上述方法检测，如果发现宝宝的视力有问题，应及时诊断和治疗。

现代医学研究表明，合理补充眼睛所需的营养素，对保护眼睛非常重要。所以，眼科专家建议，对于有眼疲劳的宝宝要注意饮食和营养的均衡，平时多吃些粗粮、红绿蔬菜、薯类、豆类、水果等。

眼睛过干、缺乏黏液滋润易产生眼睛疲劳的现象。维生素A或胡萝卜素与黏液的供给有很大的相关性，此外维生素B_6、维生素C及锌的补充也可帮助解决眼睛干涩的问题。

另外，黑豆、核桃、枸杞子、桑葚等的合理搭配，也能成为治疗或防止眼睛干涩疲劳的食疗方法。

宜食用能增高助长的食物

1. 牛奶。牛奶是一种营养丰富的理想食物，每100毫升牛奶含有蛋白质3.4克，脂肪3.7克，还含有维生素B_2、维生素A等。牛奶中含有人体生长发育所必需的各种氨基酸，牛奶的消化率在98%以上；100毫升牛奶中钙含量有125毫克，且容易被吸收，是人体钙质最好的来源。建议多喝酸奶，注意不要用含乳饮料代替牛奶，因为含乳饮料的主要成分是水。

2. 豆制品。大豆是蛋白质含量最高、质量最好的农作物，含有人体自身不能合成而必须从食物中摄取的8种必需氨基酸，大豆除甲硫氨酸含量较少外，其余含量均较丰富，特别是赖氨酸含量较高。另外，大豆含钙丰富，是人体钙的一个重要来源。

3. 柑橘。柑橘果实营养丰富，色香味兼优，既可鲜食，又可加工成以果汁为主的各种加工制品。柑橘产量居百果之首，柑橘汁占果汁的3/4，广受消费者的青睐。

4. 动物性食品。蛋、肉、鱼所含的人体必需氨基酸比较齐全，营养价值高，蛋白质含量丰富，宜多吃。

5. 菠菜。菠菜中含有大量的胡萝卜素和铁，也是维生素B_6、叶酸和钾的极佳来源。其中所含丰富的铁对缺铁性贫血有改善作用。

宜注意饮食卫生

注意宝宝的进餐卫生，包括进餐环境、餐具和供餐者的健康与卫生状况。幼儿园集体用餐要提倡分餐制，减少疾病传染的机会。不要饮用未经高温消毒过的牛奶和未煮熟的豆浆，不要吃生鸡蛋和未熟的肉类加工食品，不吃污染变质、不卫生的食物。均衡膳食、合理营养的实现建立在食品安全的基础上。

在选购食物时应当选择外观好，没有泥污、杂质，没有变色、变味，并符合国家卫生标准的食物。注意食品包装上的生产日期、保质期、储藏条件和营养成分含量等信息。

宝宝饮食之忌

在宝宝的饮食中，注意适宜的方面对宝宝的生长发育很重要。同样的道理，宝宝饮食中的一些“禁忌”也需要家长们多加注意。

忌边吃饭边喝水

很多家长们也有边吃饭边喝水的习惯，导致小朋友也“照样学样”。其实，这种习惯非常不好，因为这样会影响食物的消化吸收，增加胃肠负担，久之可引致胃肠道疾病，造成营养素缺乏。食物经口腔初加工消化成食团，送入胃肠进一步消化、吸收食物中的营养素。如果边吃饭边喝水，水会将口腔内的唾液冲淡，降低唾液对食物的消化作用；同时也易使食物未经口腔仔细咀嚼就进入胃肠，从而加重胃肠的负担。如喝水过多还会冲淡胃酸浓度，削弱胃的消化功能。

忌边吃饭边看电视

小朋友是动画片的爱好者，如果吃饭的时间刚好电视正在播放动画片，他们往往会边吃饭边看电视，但这样的习惯对小朋友的健康是不利的。小朋友边吃饭边看电视容易影响食欲，边吃饭边看电视时，小朋友的注意力往往以电视为主，忽视了食物的味道，使本来已经出现的食欲因受到电视的影响而降低或消失，久而久之就会营养不良。

边吃饭边看电视还会影响食物的消化与营养的吸收。吃饭时需要有消化液和血液帮助胃肠消化食物。吃饭时看电视，加大了大脑的血液供应，这样，胃肠和大脑都不能得到充分的血液，时间长了，还会头晕、眼花、消化不良。

所以，不要边吃饭边看电视，最好是饭后20~30分钟再看电视。如果一定要看电视时，在

选择电视节目上应避开情节紧张、刺激的节目。

忌边吃饭边玩耍

宝宝都喜欢边吃饭边玩，而很多家长都会纵容孩子，喂一口饭让孩子玩一会儿。最常见的是孩子在前边走，家长在后面追着给他喂饭。孩子玩的时候嘴里含着食物，很容易发生食物误入气管的情况，轻者出现剧烈的呛咳，重者可能导致窒息。另外，如果孩子叼着小勺跑来跑去时摔倒，小勺可能会刺伤宝宝的口腔或咽喉。

此时，家长们应该让孩子坐在饭桌边吃饭，不要让孩子端着碗到处跑。吃饭的环境、地点固定，周围不要有干扰的情况，如有人走来走去，不要开电视，不要放玩具，这时孩子吃饭的兴趣会大大增加，持续时间也会较长。

忌吃饭时大笑或大哭

家长们在照顾宝宝时，还应注意一点——噎食。宝宝的喉咙、食管都比较窄小，在进食时，吃的食物吞咽到食管里，先经牙齿咀嚼研磨，后由舌头卷向硬腭、软腭推送到咽。同时，软腭和腭垂（俗称小舌头）高举，咽门肌肉收缩，鼻腔通咽处暂时关闭，咽门放大。这时喉头升高，被会厌软骨盖住，因此，食物不会进入鼻腔和喉头，而被吞咽到食管里去。另外，在吞咽食物时，呼吸动作也是暂时停止的。

有些孩子吃饭时总是不听话，一些家长为了哄孩子而逗他笑，或吓唬孩子而把孩子惹哭，这些都是不对的。

如果吃饭时大声说笑，在吞咽食物时，呼吸和咽食物动作同时进行，这样，就容易使食物进入气管或鼻腔里去，于是发生呛咳、打喷嚏、流泪等现象。如果鱼刺、碎骨进入呼吸道里，其危害就更大了，严重者可能对生命造成威胁。所以，孩子吃饭时，家长别去逗孩子笑，不能和孩子打打闹闹，家长要想办法让孩子安静地吃饭，尤其不能刺激或惊吓孩子。

忌饭后立即吃水果

宝宝爱吃水果是好事，但是也得分时候，饭后立即吃水果不健康。因为饭后立即吃水果，消化慢的淀粉、蛋白质会阻塞消化快的水果。水果在36℃的高温下，容易腐烂，被细菌分解成酒精及乙酸一类的东西，并产生毒素和积气，引起身体不适，甚至引起胃肠疾病。因此，水果最好在餐后半小时再吃。

忌饭后立即睡觉

一些家长在照顾宝宝时，会让宝宝吃完饭后去睡个午觉，其实这是不对的。吃饱饭后，人体的大量血液涌向胃肠，大脑的血容量减少，血压下降，会有昏昏欲睡的感觉，此时睡觉容易因脑供血不足而形成血栓。

一般来说，食物进入胃肠道后，1~2 小时内达到吸收高峰，4~6 小时才能被完全排空。吃饱饭后，胃肠正在发挥其作用，而人在睡着的时候，大部分人体组织器官开始进入代谢缓慢的“休整”状态，两者持久矛盾的状态，很容易引起消化功能的紊乱和营养吸收不良，许多人会因此产生营养过剩，导致肥胖等症。

忌偏食

宝宝偏食是比较常见的饮食问题，挑食、偏食现象好发于 6 个月至 6 岁各个年龄段的儿童，发生比例高达 30%。常见问题包括吃得少而慢、对食物不感兴趣、不愿尝试新食物、强烈偏爱某些质地或某些类型的食物等。

对于挑食的孩子应如对待有行为问题（比如反抗和逆反）的孩子一样，需要春风化雨，少给孩子压力，别和他吵架，别对他大声喊叫。只要把健康食物放在桌上就行了，其他的，不要多说。尽量让饭桌上有一样你认为宝宝愿意吃的东西，然后让他自己选择吃什么、吃多少。如果他选择只吃馒头，那就只吃馒头好了。

宝宝挑食还有一个合理的科学解释，即宝宝的味蕾比我们的多（味蕾随着年龄的增长而减少），所以嘴就更“刁”，这可能是为什么宝宝不愿意吃辣的东西的原因。家长们要尽量把蔬菜做得更美味些。像甜椒、红薯、胡萝卜这样有甜味的菜，可能要比西蓝花更受孩子的欢迎。另外，家长要知道，和家里人一起吃饭的孩子，要比那些单独吃饭的孩子更健康。

忌吃含高盐的食物

儿童保健专家指出，儿童不宜摄入过多的盐，饮食应该以清淡为主。据调查统计，患上高血压的儿童越来越多，而这些儿童在婴儿时期绝大多数经常吃过咸的食物。过咸食物易导致血压增高，引起水肿。另外，儿童吃盐过多还是导致上呼吸道感染的诱因。

第一，高盐饮食使得口腔唾液分泌减少，更利于各种细菌和病毒在上呼吸道存留繁殖；第二，高盐饮食后由于盐的渗透作用，可杀死上呼吸道的正常寄生菌群，造成菌群失调，导致发病；第三，高盐饮食可能抑制黏膜上皮细胞的繁殖，使其丧失抵抗力。这些因素都会使上呼吸道黏膜抵抗疾病侵袭的作用减弱，加上孩子的免疫能力本身比成年人低，容易受凉，各种细菌、病毒就会乘虚而入，导致孩子感染上呼吸道疾病。

宝宝的口味随家长，若父母饮食习惯偏咸，宝宝也会爱吃咸食。吃得过咸直接影响宝宝体内对锌的吸收，导致孩子缺锌。许多人有吃梅干菜、咸鱼和腊肉等的习惯，这些食物含钠量普遍高，小儿应该尽量避免。除此之外，豆瓣酱、辣酱、榨菜、酸泡菜、酱黄瓜、黄酱、腐乳、咸鸭蛋、罐头、腊肠、猪肉松、油条和方便面等也应该避免过多食用。

喝牛奶的禁忌

1. 忌牛奶煮沸了喝。一些家长担心牛奶消毒不过关，孩子喝了会影响身体健康，于是在给孩子喝牛奶时都要先把牛奶煮沸。这是一种错误的方法。

通常，牛奶消毒的温度要求并不高，70℃ 3分钟，60℃ 6分钟即可。如果煮沸，温度达到100℃，牛奶中的乳糖就会出现焦化现象，而焦糖可诱发癌症。另外，煮沸后牛奶中的钙会出现磷酸沉淀现象，从而降低牛奶的营养价值。所以，牛奶可加热饮用但不要煮沸。

2. 忌喝牛奶时加很多糖。牛奶加糖是为了增加碳水化合物所供给的热量，但需定量，每100毫升牛奶加5~8克糖。如果加糖过多，对宝宝的生长发育有弊无利。过多的糖贮存在体内，会成为一些疾病的诱因，如龋齿、近视、动脉硬化等。家长们应注意，在给牛奶加糖时最好不要加蔗糖。因蔗糖进入消化道被消化液分解后，变成葡萄糖易被人体吸收，从而诱发肥胖。另外，还应先把牛奶晾到温热后再放糖。

3. 忌将牛奶添加到米汤、稀饭中。有些家长认为，将牛奶加入到米汤、稀饭中可以使营养互补，其实这种做法很不科学。牛奶中含有维生素A，而米汤和稀饭主要以淀粉为主，它们中含有的脂肪氧化酶，会破坏维生素A。孩子特别是婴幼儿，如果摄取维生素A不足，会发育迟缓，体弱多病。即便是为了补充营养，也要将以上两者分开食用。如果家长觉得单纯让宝宝喝牛奶不足以引起其兴趣，或是想让宝宝在喝牛奶的同时补充更多其他的营养，可以选择将牛奶与一些蔬菜、水果等一起做成牛奶点心或牛奶菜肴。

4. 忌牛奶与钙剂同食。有些家长为了宝宝能补充足够的钙，既给宝宝喝牛奶同时又让宝宝服用钙剂，认为这样可以给宝宝补充更多的钙。事实上，这种做法也不科学。

牛奶本身富含钙质并且容易被吸收，每100毫升牛奶中含有钙质约120毫克，其中的蛋白质和脂肪含量也都较高。单纯喝牛奶，钙的吸收已经达到或接近饱和的水平了，如将钙剂与牛奶同时服用，就可能造成钙质的浪费。钙剂最好的组合是与米、面等富含淀粉、乳糖、葡萄糖的食品共同服用，更有利于钙质的吸收。喝牛奶的同时配合吃绿色蔬菜，也有利于钙的吸收。

5. 忌每天喝牛奶超量。3-6 岁宝宝每天最多喝 2 杯牛奶即可。据专家调查发现，牛奶喝得越多，维生素 D 水平越高，但铁的水平却呈下降趋势。研究分析认为，宝宝每天喝 2 杯牛奶，既可保证维生素 D 的最大摄入量，也能防止体内铁质流失。

最新研究发现，宝宝牛奶喝少了，维生素 D 会不足；牛奶喝太多，则容易导致缺铁。维生素 D 有助于钙质吸收，增强骨骼健康，也有助于防止免疫系统疾病、呼吸道疾病和心血管疾病。而补铁有助于宝宝大脑健康发育，缺铁则会损害身体及大脑功能。因此，宝宝每天最好喝 2 杯牛奶。

夏季吃雪糕的禁忌

夏季是许多孩子最爱的季节，因为夏天可以尝到冰冰凉凉的雪糕。宝宝吃雪糕也是有一定禁忌的。

1. 一次别吃太多雪糕。如果一次性吃太多雪糕，容易出现不良反应，小朋友尤其容易出现腹痛的症状，甚至会引起胃肠炎。

2. 吃雪糕别太快。一些小朋友吃雪糕太快，容易刺激内脏血管收缩，并使局部出现缺血状态，减弱胃肠道的消化功能和杀菌能力，促使胃肠炎、胆囊炎甚至肝炎的发生。

3. 饭前饭后别吃雪糕。孩子饭前吃雪糕容易影响食欲，家长们可要把好关，不要为了一口清凉把重要的主食给放弃掉了。饭后吃雪糕则容易影响消化。由于冰淇淋温度低，会造成胃肠道血管收缩，从而影响其消化吸收能力，影响各类营养素的吸收。孩子要吃雪糕，选择两餐之间的这段时间较佳。

4. 最好自制雪糕。食品安全的问题是家长们最关心的问题，现在很多爸爸妈妈怕雪糕的添加剂太多，都偏向在家给孩子自制雪糕，一方面自己可以控制原料，另一方面可以根据孩子的口味添加一些健康的食材，例如水果、果仁等。

忌吃太多零食

现在市面上很多针对小朋友的零食都是膨化食品，其实，宝宝不宜吃太多膨化食品。长期大量食用膨化食品会造成油脂、热量摄入过多，粗纤维吸入不足。若运动不足，会造成脂肪堆积，导致小儿肥胖。

膨化食品不宜空腹食用。因为在空腹的情况下，膨化食品所含的铅、砷等毒素特别容易被身体吸收。宝宝应该少吃膨化食品，大量食用膨化食品还会影响正常饮食，导致多种营养素得不到充分供给，易出现营养不良。

有一些家长认为吃零食会影响孩子的生长发育，所以不让孩子吃零食。这种做法欠妥。一般来说，早餐吃得简单且少，所以在上午为孩子补充少量能量较高的食品为宜，如蛋糕、饼干、花生、板栗、核桃、红枣等。午睡是不可少的，醒来后喝少量的热水，等孩子做游戏后，给孩子的零食应以水果为主。晚饭后不必补充什么零食，如果有条件，喝一杯牛奶即可，但要注意喝完牛奶后玩一小会儿，漱漱口再入睡。

忌食妨碍脑部发育的食物

1. 含过氧化脂质的食物。过氧化脂质会导致大脑早衰或痴呆，直接损害大脑的发育。腊肉、熏鱼等在油温 200℃以上煎炸或长时间暴晒的食物中含有较多的过氧化脂质，父母应少给孩子吃。

2. 含铅食物。医学研究表明，摄入过量的铅会杀死脑细胞，损伤大脑功能。爆米花、松花蛋等含铅较多，父母应少给孩子吃。

3. 含铝食物。经常给孩子吃含铝量高的食物，会造成孩子记忆力下降、反应迟钝，甚至导致孩子痴呆。所以家长们最好少让孩子吃油条、油饼等含铝量较高的食物。

长高时忌吃的食物

1. 各种碳酸饮料。过量饮用会导致体内钙、磷比例失调，造成发育迟缓。

2. 各种糖果、甜饮料。吃糖过多会影响体内脂肪的消耗，久之，造成脂肪堆积，影响钙质代谢。

3. 各种垃圾食品。油炸食品、膨化食品、腌制食品、罐头类制品在制作过程中营养损失大，又使用了各种食品添加剂，虽然它们提供了大量热量，但蛋白质、维生素等营养成分却很少，长期食用这类食品，会导致儿童营养不良。

第二章

宝宝宜食的78种食物

要想了解宝宝怎样吃才健康，父母就要先清楚什么食物宝宝宜吃，每天该吃多少，和什么食物搭配吃营养更全面，等等。针对父母的疑惑，本章将向大家介绍 78 种 3-6 岁宝宝宜食的食物，并且对这些食物做了全面的营养分析和营养搭配解析，让宝宝健康成长不用愁。

牛奶

别名：牛乳
热量：222千焦/100毫升
食量：约200毫升/日
性味：性平，味甘

主要营养素

钙、磷

适量摄入钙、磷，对宝宝的生长发育和能量代谢十分重要，磷存在于人体的所有细胞中，钙是构成骨骼、牙齿等的必要物质。食物中钙磷比例约为2：1时，人体对钙质的吸收率最高。

营养分析

牛奶的营养价值很高，有补虚损、益胃、生津、安眠的功效，主要成分有水、脂肪、蛋白质、维生素、乳糖和矿物质等。牛奶中的矿物质种类非常丰富，除了众人所熟知的钙、磷以外，铁、锌、铜、锰和钼的含量也较高。牛奶是人体补充钙的最佳食物来源之一，其钙磷比例适当，非常容易被人体吸收。

选购保存

应尽量购买正规厂家生产的，经过严格杀菌的牛奶，不要贪图新鲜购买小商贩的散装牛奶。新鲜的牛奶应有乳香味，无酸败等异常气味，均匀无分层，无明显不溶性杂质，无胀袋。鲜牛奶需放入冰箱冷藏，在标示的保质期内尽快喝完。

♥温馨提示

家长应从正规渠道购买牛奶，自己煮沸散装鲜奶的杀菌效果较差，且营养流失严重。巴氏杀菌牛奶能最大限度地保留牛奶的营养成分，但保质期较短；超高温灭菌牛奶的保质期较长，但营养价值有所降低。

牛奶银耳水果汤

原料

纯牛奶 500 毫升、银耳适量、猕猴桃适量、圣女果适量、冰糖适量

做法

1. 银耳洗净泡发撕小朵；猕猴桃、圣女果均洗净，猕猴桃去皮。
2. 将猕猴桃、圣女果切丁。
3. 电锅清洗干净，倒入纯牛奶、猕猴桃、圣女果，放入银耳煮 25 分钟，加冰糖煮至溶化即可。

专家点评

牛奶加水果的搭配，营养丰富，能有效增强宝宝的免疫力，改善过敏体质。

绿豆沙五谷奶

原料

鲜牛奶 300 毫升、绿豆 150 克、白糖适量、五谷粉适量

做法

1. 绿豆洗净浸泡几小时，捞出，入碗，加白糖拌匀。
2. 上蒸笼蒸熟，取出。
3. 将五谷粉、鲜牛奶、蒸熟的绿豆倒入果汁机中，拌匀打碎，倒出即可。

专家点评

绿豆所含有的许多生物活性物质具有增强人体免疫力、抑菌、抗病毒的作用。

酸奶

别名：酸牛奶
热量：297 千焦 /100 毫升
食量：100~300 毫升 / 日
性味：性平，味酸、甘

主要营养素

半乳糖、钙

半乳糖是单糖的一种，一分子半乳糖和一分子葡萄糖能组成乳糖，是人和动物乳汁的重要组成部分，可为宝宝提供热量。钙是人体含量最多的矿物质，主要存在于骨骼和牙齿中。

营养分析

酸奶能促进消化液的分泌，增强宝宝的消化能力，增进食欲。酸奶中含有丰富的蛋白质、维生素和多种矿物质，是重要的补钙食物。因为在发酵过程中，酸奶中的乳糖、蛋白质和脂肪被分解为半乳糖、氨基酸和脂肪酸，所以乳糖不耐受及消化功能差的宝宝也可以饮用酸奶。经常食用适量酸奶，不仅宝宝能得到丰富的营养，还能调节肠道菌群，增加有益菌，抑制肠道腐败菌的生长，从而提高抵抗力。

选购保存

优质酸奶呈乳白色或稍带微黄色，色泽均匀一致，具有酸奶特有的清香，滋味和气味纯正，无酒精发酵味、霉味和其他不良气味。凝块均匀细腻，无气泡，允许有少量乳清析出。宜冷藏保存，应尽快饮完。

♥ 温馨提示

中国约有 30% 的儿童在 4~5 岁出现乳糖不耐受症，饮用牛奶会发生腹泻等症状，但由于酸奶中的乳糖大部分已经被分解，所以此类儿童也可以食用。

黑芝麻酸奶面

原料

素面 100 克、黑芝麻适量、酸奶适量、盐适量、蜂蜜适量

做法

1. 黑芝麻洗净，入锅炒熟，捣碎入碗，倒入酸奶，加盐、蜂蜜调匀，用筛网过滤出芝麻酸奶汁。
2. 锅中注水烧沸，下素面煮熟。
3. 用凉水过凉后放在碗中，倒上芝麻酸奶汁即可。

专家点评

本品不仅能补充宝宝缺乏的钙质，还有益于宝宝的胃肠功能。

水果酸奶沙拉

原料

酸奶 400 毫升、玉米片适量、猕猴桃适量、香蕉适量、桑葚适量、覆盆子适量、沙拉酱适量

做法

1. 玉米片入碗；猕猴桃去皮洗净切丁；香蕉去皮切片；桑葚、覆盆子均去蒂洗净。
2. 将猕猴桃、香蕉、桑葚、覆盆子放入碗中，倒入酸奶。
3. 按口味淋入沙拉酱拌匀即可。

专家点评

本品含多种维生素和膳食纤维，水果搭配酸奶食用，既能给宝宝补充丰富的营养，又能调节肠道菌群，防治便秘。

鸡蛋

别名：鸡卵、鸡子
热量：593 千焦 /100 克
食量：1~2 个 / 日
性味：性平，味甘

主要营养素

优质蛋白质、卵磷脂

蛋黄和蛋清中含有的蛋白质，其氨基酸种类和比例几乎完全符合人体对必需氨基酸的需求量，而且吸收率很高，是宝宝补充营养的第一选择。卵磷脂属于脂类，是人体生命活动的基础。

营养分析

鸡蛋是 3-6 岁宝宝最好的蛋白质来源，其蛋白质构成与人体极为相似，人体吸收率可达 98%。蛋黄富含不饱和脂肪酸、卵磷脂、蛋白质、维生素 A、维生素 B_1、维生素 B_2、维生素 D、维生素 E 和钙、铁、磷等营养物质，对孩子的身体成长和智力、各种器官的发育有重要作用，能健脑益智，改善记忆力，促进伤口愈合，促进肝细胞的再生、增强宝宝肝脏的代谢及解毒功能。

选购保存

优质鲜鸡蛋，蛋壳干净、粗糙无光泽，壳上有一层白霜，色泽鲜明，手握蛋摇动没有响声。鸡蛋壳上有细小的孔，空气和细菌可通过，所以表面沾有脏污的鸡蛋更易变质，挑选时应该避免。鸡蛋可尖头朝下，放入冰箱冷藏保存，并尽快吃完。

♥ 温馨提示

水煮鸡蛋和蒸蛋羹的人体吸收率较高，为 98%~100%，炒鸡蛋和油煎鸡蛋略低，每天保证食用 1 个鸡蛋，对宝宝的身体和智力发育有很大好处。

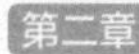

清汤荷包蛋

原料

鸡蛋3个、葱5克、姜5克、盐3克、香油5毫升

做法

1. 葱洗净切葱花；姜去皮洗净，切末。
2. 锅上火，注入适量清水，待水煮沸，打入鸡蛋，放入姜末。
3. 鸡蛋煮至七成熟时，调入盐，撒上葱花，淋入少许香油，即可出锅。

专家点评

本品可为宝宝提供充足的蛋白质、卵磷脂、脂肪和多种维生素、矿物质等营养成分，有效促进宝宝的生长发育。

蟹肉蒸蛋

原料

鸡蛋2个、鸡肉30克、螃蟹肉25克、高汤100毫升、盐适量

做法

1. 鸡肉洗净，切碎；螃蟹肉洗净，切小块。
2. 将鸡蛋打散后过滤杂质，与高汤、盐拌匀，倒入鸡肉和螃蟹肉。
3. 放入蒸锅蒸大约20分钟至熟即可。

专家点评

螃蟹肉所含的铜，可以提高铁质吸收率，达到预防缺铁性贫血的功效；鸡蛋中的优质蛋白质则有增强人体免疫力的作用。

豆腐

别名：无
热量：333 千焦 /100 克
食量：约 300 克 / 日
性味：性凉，味甘

主要营养素

蛋白质、钙

豆腐中蛋白质的含量非常高，且主要是植物蛋白质，含有人体必需的 8 种氨基酸。其矿物质钙的含量也较高，而钙元素对宝宝的生长发育起着重要作用，所以适量地食用豆腐对宝宝是极为有益的。

营养分析

豆腐营养丰富，含有铁、钙、磷、镁和其他人体必需的多种氨基酸，还含有糖类和丰富的优质蛋白质等营养成分，是宝宝补充营养的佳品。此外，豆腐中不含胆固醇，适宜高血压、高脂血症及肥胖等人群食用，可以起到补中益气、清热润燥、生津止渴、清洁胃肠的功效。

选购保存

优质豆腐的切面比较整齐，无杂质，有弹性。劣质豆腐的切面不整齐，且易碎，表面发黏。豆腐不易保存，应该即买即食，买回家后，应将其立刻浸泡于清水中，并放置于冰箱中冷藏，待烹调前再取出。

♥温馨提示

豆腐不但清凉可口，而且还具有清理胃肠的功效。3-6 岁的宝宝，适量食用豆腐，能够消除口腔溃疡等症状，还可以消除宝宝的烦躁情绪。

蔬果炒豆腐

原料

豆腐250克、胡萝卜丁适量、青椒丁适量、菠萝丁适量、圣女果丁适量、淀粉适量、盐适量、白糖适量、醋适量、高汤适量、食用油适量

做法

1. 豆腐洗净切方块，裹上淀粉入油锅略炸捞出。
2. 锅内放入食用油烧热，放入胡萝卜丁、青椒丁、菠萝丁、圣女果丁翻炒，加高汤煮开，加盐、白糖、醋调味。
3. 放炸好的豆腐翻炒，加入淀粉勾芡即可。

专家点评

本品富含优质蛋白质、钙、铁、维生素等营养素，对宝宝的大脑发育极为有益，还能增强记忆力。

西红柿烩豆腐

原料

猪肉末200克、豆腐150克、西红柿150克、蘑菇50克、豌豆适量、番茄酱适量、酱油适量、白糖适量、盐适量、食用油适量

做法

1. 豆腐入盐水中汆烫后切块；西红柿、蘑菇洗净切末。
2. 锅内放食用油烧热，放猪肉末炒匀，再加入其他除调味料以外的所有原料炒熟，最后加调味料调味即可。

专家点评

本品能滋阴补虚、健胃消食，适用于小儿倦怠无力、食欲不振、免疫力低下等症。

豆浆

别名：无
热量：333 千焦 /100 毫升
食量：200~300 毫升 / 日
性味：性平，味甘

主要营养素

蛋白质、卵磷脂

豆浆中所含的蛋白质，对于促进生长发育有很好的作用。大豆中丰富的卵磷脂，能降低胆固醇，维持血脂良好的代谢状态，对宝宝的健康非常有益。

营养分析

豆浆富含蛋白质和钙、磷、铁、锌等几十种矿物质以及维生素 A、B 族维生素等多种维生素。豆浆中的蛋白质含量比牛奶还要高，还含有大豆皂苷、大豆异黄酮、卵磷脂等有防癌健脑作用的特殊保健因子。具有补虚、化痰、利尿、降压、降脂的功效。

选购保存

好豆浆应有股浓浓的豆香味，浓度高，稍凉时表面有一层油皮，口感爽滑。豆浆不能放在保温瓶里存放，否则会滋生细菌，使豆浆里的蛋白质变质，影响人体健康，应置于阴凉处保存。

♥ 温馨提示

豆浆在饮用时一般宜和其他食物同时食用，不宜空腹饮用，因为在饥饿状态下，豆浆中的蛋白质首先要转化成热量，来维持人体的生理需求，而未得到合理的利用。

胡萝卜豆浆

原料

黄豆 50 克、胡萝卜 30 克

做法

1. 黄豆加水浸泡至变软，洗净；胡萝卜洗净切成黄豆大小。
2. 将黄豆和胡萝卜倒入豆浆机中，加水搅打成豆浆，煮沸后滤出豆浆，装杯饮用即可。

专家点评

本品能健脾和胃、补肝明目、降低胆固醇、利水消肿、抗癌、益气，适用于小儿脾胃虚弱、体虚无力、小便不利等症。

核桃豆浆

原料

黄豆 100 克、核桃仁 30 克、白糖适量

做法

1. 黄豆泡软，洗净；核桃仁洗净。
2. 将黄豆、核桃仁放入豆浆机中，添水搅打成豆浆，烧沸后滤出豆浆，加入白糖拌匀即可。

专家点评

本品能温补肺肾、定喘止咳、补脑益气、利尿通便，适用于小儿肺虚咳嗽、小便不利、便秘等症。

豆腐皮

别名：油皮、腐衣
热量：1 685 千焦 /100 克
食量：100~300 克 / 日
性味：性平，味甘

主要营养素

蛋白质、卵磷脂

豆腐皮含有丰富的蛋白质，对宝宝而言，丰富和优质的蛋白质是保证其健康成长及发育的重要营养素。豆腐皮还含有丰富的卵磷脂，可以清除血管内的废物，对保护血管和防止血管硬化起着重要作用。

营养分析

豆腐皮含有丰富的蛋白质及多种矿物质，如铁、钙、钼等人体所需的多种矿物质，能促进骨骼发育，防止因缺钙引起的骨质疏松症，对小儿、老年人的骨骼极为有利。豆腐皮中，氨基酸的含量也较高，宝宝适量食用可以提高机体免疫力，促进身体和智力的健康发育。

选购保存

上等的豆腐皮，皮薄透明，形状呈半圆形而不破碎，表面光滑，柔软不黏滞，呈现光泽的黄色或者乳白色。存储豆腐皮时宜将其放置在阴凉处，放入冰箱冷藏最佳，但不宜久存。

♥ 温馨提示

豆腐皮具有易消化的特点，对胃肠功能虚弱的宝宝而言是较为优质的食物。豆腐皮的吃法主要有炒着吃和凉拌着吃，应该让孩子少吃凉拌的豆腐皮，因为凉拌相当于生食，豆腐皮可能会被细菌所污染，食用被污染的豆腐皮易引起肠道不适。

豆腐皮炒油菜

原料

油菜500克、豆腐皮300克、盐3克、香油5毫升、食用油适量

做法

1. 豆腐皮泡发，洗净，撕成小片；油菜洗净，对切。
2. 锅中倒入食用油烧热，放豆腐皮、油菜翻炒至熟。
3. 放入盐调味，炒匀，淋上香油即可。

专家点评

本品能清热、益气、润肺、通便、解毒消肿、除烦，适用于小儿暑热烦躁、食欲不振、便秘等症。

豆腐皮拌黄瓜

原料

豆腐皮200克、嫩黄瓜200克、盐3克、白糖3克、香油10毫升、醋适量、姜末适量、蒜末适量

做法

1. 豆腐皮切丝后切段，焯水装盘。
2. 嫩黄瓜洗净切丝，入碗加盐拌匀，10分钟后沥去水，放在豆腐丝上。
3. 撒上姜末、蒜末，倒入白糖、醋、香油拌匀即可。

专家点评

本品适用于小儿烦热口渴、便秘、食欲不振等症。

黑豆

别名：黑大豆、乌豆、橹豆、马料豆
热量：1 404 千焦 /100 克
食量：约 40 克 / 日
性味：性平，味甘

主要营养素

蛋白质、维生素

黑豆具有高蛋白、低热量的特性。黑豆中含有丰富的维生素 E，发挥着重要的抗氧化作用，可以保护人体细胞免受自由基的损害，对宝宝的健康成长起着重要作用。

营养分析

黑豆的营养价值非常高，含有蛋白质、脂肪、微量元素以及维生素等多种营养成分。同时，黑豆还含有多种生物活性物质，如黑豆色素、黑豆多糖和异黄酮等。另外，黑豆还具有良好的降低胆固醇、补肾健脾、排毒减肥，以及美容养颜等功效。

选购保存

具有一定光泽的黑豆，不一定就是优良的黑豆。因为黑豆表面的光泽或许是因为被研磨后产生的，黑豆是否新鲜应看其是否有天然的质感，另外，表面有一些白粉的黑豆比较新鲜。应选购圆润、颜色乌黑且捏起来比较坚硬的黑豆，这样的黑豆营养价值高。黑豆应晒干后密封，置于通风干燥处保存。

♥ 温馨提示

黑豆能为人体必需的 8 种氨基酸的合成提供原料，保障了人体代谢的正常运行。但黑豆中也含有一定量的碳水化合物，多食易产气和产生饱腹感，易导致腹胀甚至腹痛等，故要适量食用。

蜜炼黑豆

原料

黑豆100克、红糖适量

做法

1. 黑豆去除杂质，洗净浸泡10小时，捞出沥干。
2. 取砂锅，将黑豆倒入，将红糖加水调匀，淋入砂锅中。
3. 砂锅上火，用小火慢炖至豆熟即可。

专家点评

本品能调中下气、解毒、利尿、明目、补肾，适用于小儿食欲不振、小便不利、眼睛干涩、便秘等症。

黑豆糯米豆浆

原料

黑豆50克、糯米20克、白糖适量

做法

1. 黑豆入水浸泡8小时，捞出洗净；糯米洗净泡软。
2. 将黑豆、糯米放入全自动豆浆机中，添水搅打成豆浆。
3. 过滤，加入适量白糖调匀即可。

专家点评

本品能健脾益胃、补肾益气、利尿通便，适用于小儿食欲不振、小便不利、脾胃虚弱、便秘等症。

小米

别名：粟米、秫子、黏米、粟谷
热量：1 475 千焦 /100 克
食量：50~200 克 / 日
性味：性凉，味甘

主要营养素

粗纤维、硒

小米中的矿物质含量比其他谷类要高，其中，有机硒的含量很丰富，使得小米具有补血、健体、预防癌症等作用。小米所含的食用粗纤维量是大米的 5 倍，可以促进消化。

营养分析

小米含有粗纤维、淀粉、蛋白质、脂肪、钙、磷、铁、维生素 B_1、维生素 B_2 及胡萝卜素、硒等营养成分。其中，小米的维生素 E 含量为大米的 4.8 倍，膳食纤维的含量为大米的 4 倍。除此之外，小米还具有开胃消食、止呕、安神等良好的食疗功效。

选购保存

优质的小米看上去颜色、大小均匀，呈乳白色、黄色或金黄色，有光泽，很少有碎米，无虫、无杂质，闻起来有清香味，无异味，尝起来味佳、微甜。变质的小米，手捻易碎或成粉，碎米较多，闻起来有霉味。储存小米宜将其放在阴凉、干燥、通风较好的地方。

♥ 温馨提示

小米是粗粮的一类，其膳食纤维的含量较高。长期偏爱甜食和不爱吃饭的 3-6 岁宝宝易出现营养不良，从而导致一些常见的儿童性疾病。而小米能开胃消食，可以改善孩子偏食的习惯，使之得到充分的营养。

板栗燕麦小米羹

原料

板栗 30 克、小米 25 克、冰糖 10 克、燕麦 7 克

做法

1. 锅中加水烧沸，倒入处理好的板栗；洗好的燕麦、小米依次倒入锅中拌匀。
2. 加盖转小火煮 30 分钟。
3. 倒入冰糖轻搅，煮至完全溶化，盛出即可。

专家点评

燕麦具有健脾和胃、养颜护肤、降脂通便等功效。本品能够有效增强宝宝的免疫力，改善其体质。

山药芝麻小米粥

原料

小米 70 克、葱 8 克、盐 2 克、山药适量、黑芝麻适量

做法

1. 小米泡发洗净；山药洗净、去皮、切丁；黑芝麻洗净；葱洗净切葱花。
2. 锅置火上，倒入清水，放入小米、山药煮开。
3. 加入黑芝麻同煮至浓稠状，调入盐拌匀，撒上葱花即可。

专家点评

本品能补脾养胃、补肾益肺、安神助眠，适用于小儿脾虚食少、久泻、肺虚喘咳等症。

别名：白米、稻米
热量：1 413 千焦 /100 克
食量：约 100 克 / 日
性味：性平，味甘

主要营养素

粗纤维、蛋白质

大米米糠层的粗纤维有助于胃肠的蠕动，对儿童便秘有很好的疗效。同时，大米中的蛋白质含量丰富，蛋白质是构建身体和维持正常生理功能的重要物质，是 3-6 岁宝宝成长中不可或缺的营养物质。

营养分析

大米有健脾和胃、补中益气、除烦止渴的功效，能补益五脏、强健筋骨。它可刺激胃液分泌，有助于消化。大米所含的人体必需氨基酸比较全面，能提高人体的免疫力。用大米煮粥时，浮在锅面上的浓稠液体俗称“米汤”“粥油”，有补虚的功效，对脾胃虚弱的宝宝很有益。

选购保存

大米以外观完整、坚实、饱满、无虫蛀、无霉点、没有异物夹杂为佳。大米可用木质有盖容器装盛，置于阴凉、干燥、通风处保存。在大米里放几瓣剥了皮的蒜，能有效地防止米虫。

♥ 温馨提示

消化功能还不是很完善的 3-6 岁宝宝食用大米能增强胃肠功能，同时，大米对身体较为虚弱、早产的孩子也都有益。但是，由于大米中的碳水化合物含量较高，因此，在给患有肥胖、疳症的孩子配餐时要酌情减半大米的用量。

水果拌饭

原料

大米150克、草莓适量、猕猴桃适量、香蕉适量、杧果适量、白糖适量

做法

1. 大米用水淘洗干净；草莓去蒂，洗净切丁；猕猴桃、香蕉、杧果均去皮，切丁。
2. 锅内注入适量清水，倒入大米烧沸，煮至七成熟时，放入水果丁煮熟。
3. 加入少许白糖拌匀即可。

专家点评

本品能帮助消化、促进食欲，对小儿厌食、偏食有一定的食疗作用。

奶汁三文鱼炖饭

原料

三文鱼200克、大米150克、西蓝花30克、牛奶200毫升、高汤200毫升、食用油适量

做法

1. 大米洗净，沥干；三文鱼收拾干净，切碎；西蓝花洗净，切小朵。
2. 锅入食用油烧热，放入三文鱼稍炒，加入大米、牛奶和高汤，用小火炖煮至熟软。
3. 加入西蓝花煮至汤汁收干即可。

专家点评

本品能润肺止咳、润肠通便、健脑益智，适合小儿咳嗽、便秘者食用。

西蓝花

别名：绿菜花
热量：115千焦/100克
食量：100~500克/日
性味：性凉，味甘

主要营养素

胡萝卜素、维生素C

西蓝花含有丰富的胡萝卜素，可以促进胃肠健康，增强消化系统的功能。西蓝花所含的维生素C也较多，有利于宝宝的生长发育，还能提高人体免疫功能，促进肝脏解毒，增强体质，增强对疾病的抵抗力。

营养分析

西蓝花营养丰富，含蛋白质、糖类、脂肪、维生素和胡萝卜素等营养成分，其营养成分位居同类蔬菜之首，被誉为"蔬菜皇冠"。宝宝常吃西蓝花，可促进生长、维持牙齿及骨骼正常、保护视力、提高记忆力。

选购保存

选购西蓝花以菜株亮丽、花蕾紧密结实者为佳。花球表面无凹凸，整体有隆起感，拿起来没有沉重感的西蓝花为良品。保存西蓝花，可以用纸张或透气膜将其包住（纸张上可喷少量的水），然后直立放入冰箱的冷藏室内保存。

♥ 温馨提示

经常食用西蓝花不但能增强人体的免疫力，还能提高人体肝脏的解毒能力，促进有毒物质的排出，从而达到预防疾病的效果。此外，西蓝花中还含有类黄酮，能防止病菌感染，对宝宝健康起到保护作用。

西蓝花沙拉

原料

西蓝花 100 克、西红柿 80 克、圣女果 1 个、沙拉酱适量

做法

1. 西蓝花洗净切朵，焯水；圣女果洗净；西红柿洗净，一部分切碎粒，一部分切片摆盘。
2. 将西蓝花、西红柿粒、圣女果一起装入盘中。
3. 挤上沙拉酱，用西红柿片围边即可。

专家点评

本品适用于小儿脾胃虚弱、食欲不振、小便不利等症。

鲈鱼西蓝花粥

原料

大米 80 克、鲈鱼 50 克、西蓝花 20 克、盐 3 克、葱花适量、姜末适量、枸杞子适量、香油适量

做法

1. 鲈鱼处理干净切块；西蓝花洗净切块；枸杞子洗净。
2. 大米洗净，入锅加水煮粥；待五成熟时放鲈鱼肉、西蓝花、姜末、枸杞子煮至熟。
3. 加盐、香油调味，撒上葱花即可。

专家点评

本品适用于小儿体弱多病、营养不良、食欲不佳等症。

西红柿

别名：番茄、番李子、洋柿子、小金瓜
热量：66千焦/100克
食量：2~3个/日
性味：性凉，味甘、酸

主要营养素

维生素C、烟酸

西红柿中的维生素C含量较为丰富，具有生津止渴、健胃消食的作用，可以提高人体的免疫功能。西红柿中还含有较为丰富的烟酸，能够维持胃液的正常分泌，有利于保持血管壁的弹性并保护皮肤。

营养分析

西红柿富含维生素A、维生素C、维生素B_1、维生素B_2以及胡萝卜素和钙、磷、钾、镁、铁等多种营养素，还含有蛋白质、糖类、有机酸、膳食纤维等。具有生津止渴、健胃消食、清热解毒、凉血平肝和增进食欲的功效。

选购保存

选购西红柿时，一般以果形周正，无裂口、虫咬，成熟适度，酸甜适口，肉质肥厚，心室小者为佳。宜选择适度大小的西红柿，这样的西红柿不仅口感好，而且营养价值高。保存西红柿时，宜将其置于通风干燥处，也可放入冰箱，但不宜长时间冷藏。

♥ 温馨提示

西红柿性凉，因脾胃虚寒所致的腹泻、消化不良、食欲不振的小儿忌食。

芙蓉西红柿

原料

西红柿 150 克、鸡蛋清 100 毫升、核桃仁 100 克、盐 3 克、白糖 3 克、食用油适量

做法

1. 西红柿去皮切丁；将鸡蛋清加入盐拌匀。
2. 锅入食用油烧热，倒入鸡蛋清炒散后装盘。
3. 另起锅放食用油，下西红柿丁、白糖、盐炒匀，盖在炒鸡蛋清上，最后用核桃仁围边即可。

专家点评

本品营养丰富，具有清热解毒、补虚强身、润肤养颜、开胃的功效。

西红柿菠菜汤

原料

西红柿 3 个、菠菜 150 克、盐少许、香油适量

做法

1. 西红柿洗净，在表面轻划数刀，入沸水汆烫后，撕去外皮，切丁；菠菜去根后洗净，焯水，捞出备用。
2. 锅中加水煮开，加入西红柿丁煮沸，放入菠菜。
3. 待汤汁再沸时，加盐调味，淋入香油即成。

专家点评

本品含有丰富的铁元素，具有润肠通便、排毒强身、清热解毒、预防贫血的功效。

胡萝卜

别名：红萝卜、金笋、丁香萝卜
热量：152 千焦 /100 克
食量：150~500 克 / 日
性味：性平，味甘

主要营养素

维生素 C、胡萝卜素

胡萝卜中含有丰富的维生素 C，可刺激皮肤的新陈代谢，增强血液循环。另外，胡萝卜中还含有大量胡萝卜素，胡萝卜素的分子结构相当于 2 个分子的维生素 A，有补肝明目的作用，对预防和治疗夜盲症有很好的效果。

营养分析

胡萝卜是一种质脆味美、营养丰富的蔬菜，素有“小人参”之称。胡萝卜富含糖类、脂肪、挥发油、胡萝卜素、维生素 C、维生素 B_1、维生素 B_2、花青素、钙、铁等营养成分。具有健脾消食、补肝明目、润肠通便、透疹、降气止咳的功效。

选购保存

胡萝卜以质细味甜、脆嫩多汁、表皮光滑、形状整齐、心柱小、肉厚、不糠、无裂口和病虫伤害为佳。将胡萝卜放于室温下保存即可。

♥ 温馨提示

胡萝卜营养较丰富，其含有的 B 族维生素有抗癌作用，经常食用可以增强人体的抗癌能力。胡萝卜还含有丰富的铁元素，能预防贫血和治疗轻度贫血。另外，胡萝卜含有膳食纤维，与其他蔬菜搭配食用，其通便效果显著。

胡萝卜炒牛肉

原料

牛肉 150 克、胡萝卜 30 克、盐适量、香油适量、葱段适量、食用油适量

做法

1. 牛肉洗净切薄片；胡萝卜洗净切片。
2. 油锅置火上，烧至六成热，倒入牛肉炒至变色，再放入胡萝卜炒至熟。
3. 加盐炒匀，淋入香油，起锅前倒入葱段翻炒 1 分钟即可。

专家点评

本品具有开胃消食、补虚强身、补益气血的功效。

胡萝卜炒杏仁

原料

胡萝卜 200 克、杏仁片 50 克、盐适量、白糖适量、酱油适量、食用油适量

做法

1. 胡萝卜洗净，切小块。
2. 锅入食用油烧热，倒入胡萝卜炒熟，加入杏仁片翻炒 1 分钟。
3. 加盐、白糖、酱油炒匀即可。

专家点评

本品具有润肺止咳、清热化痰、润肠通便、养肝明目的功效，适用于小儿肺热咳嗽、痰多，烦躁，便秘等症。

苦瓜

别名：凉瓜、癞瓜、锦荔枝
热量：78 千焦 /100 克
食量：50~250 克 / 日
性味：性寒，味苦

主要营养素

苦味素、蛋白质

苦瓜中含有丰富的苦味素，能增进食欲、健脾开胃，对宝宝的生长发育非常有益。苦瓜中还含有丰富的蛋白质，且其含有的某种蛋白成分，能够加强细胞的吞噬能力，增强宝宝的抗病毒能力。

营养分析

苦瓜含有丰富的苦味素、蛋白质、钙、磷、铁、胡萝卜素和维生素等多种营养成分，其中的维生素 C 和维生素 B_1 含量高于一般蔬菜。苦瓜具有清热祛暑、明目解毒、降压降糖、利尿凉血、清心解乏的功效，适量食用，对宝宝的健康很有益。

选购保存

要挑瓜身上的颗粒大、果形直立的苦瓜。苦瓜身上的颗粒越大、越饱满，表示瓜肉越厚，颗粒小则表示瓜肉较薄。从颜色上来看，颜色鲜亮的苦瓜往往比较新鲜，如果出现黄化，则表示它已经过熟，果肉也不再脆，失去了苦瓜应有的口感，不宜购买；表面出现损伤的苦瓜也不要买。苦瓜不耐保存，即使在冰箱中存放也不宜超过 2 天。

♥ 温馨提示

苦瓜不仅热量低，还能抑制人体对脂肪的吸收，对防治小儿肥胖有好处。苦瓜性寒，适宜夏季食用，具有清热解毒、除烦的功效，但脾胃虚寒的宝宝应该少吃。

葱油苦瓜胡萝卜

原料

苦瓜 200 克、胡萝卜 50 克、盐 3 克、葱油适量

做法

1. 苦瓜去瓤洗净，切细长条；胡萝卜洗净，切条。
2. 热锅入水烧沸，放入苦瓜、胡萝卜稍焯，捞起沥水，入盘。
3. 放盐、葱油，拌匀即可食用。

专家点评

本品能消暑解渴、清肝明目、润肠通便，适用于小儿暑热烦躁、口渴、便秘等症。

苦瓜酿肉

原料

苦瓜 250 克、猪肉 200 克、鸡蛋 1 个、香菇丁适量、盐适量、淀粉适量、酱油适量、葱花适量、姜末适量、食用油适量

做法

1. 苦瓜洗净切筒状，去瓤核，焯水后入冷水浸凉。
2. 猪肉洗净剁蓉，加香菇、淀粉、鸡蛋、盐、酱油、葱花、姜末、食用油调成馅，填入苦瓜内，两端用淀粉封口。
3. 入笼蒸透即可。

专家点评

本品适用于小儿暑热烦渴，体质虚弱、多病，身倦乏力，烦躁等症。

南瓜

别名：麦瓜、番瓜、倭瓜、金瓜
热量：91千焦/100克
食量：100~500克/日
性味：性温，味甘

主要营养素

果胶、钴、胡萝卜素、维生素C

南瓜中的果胶含量较高，而果胶具有很好的吸附性，能够消除体内的细菌毒素和其他有害物质。南瓜中含有丰富的钴，能促进人体新陈代谢，促进造血功能，并参与人体内维生素 B_{12} 的合成。南瓜中还富含胡萝卜素和维生素C，能养肝明目、抗氧化。

营养分析

南瓜含有丰富的淀粉、蛋白质、胡萝卜素、B族维生素、维生素C及精氨酸、瓜氨酸、天门冬素等氨基酸和钾、磷、钙、铁、锌、硒、钴等矿物质，营养非常丰富。南瓜具有补中益气、消炎止痛、化痰排脓、解毒杀虫等功效。

选购保存

南瓜上一般会连着一小段茎，这样的南瓜比较易于保存，用手摸掐一下这段茎部，如果感觉非常硬，就证明南瓜采摘的时机比较合适，成熟度好。另外，要选择外形完整的南瓜，腐烂变质的不要选购。保存南瓜以15℃左右为宜，切忌在温度变化太大的地方存放；用5%的盐水或白酒擦一遍瓜皮，可以杀灭表皮细菌，使其不易腐烂。

♥温馨提示

南瓜中还含有维生素A和维生素D，能保护胃黏膜，促进钙、磷的吸收，促进骨骼生长，也能防治小儿佝偻病。吃南瓜子还能防治小儿肠道寄生虫病。

鸡蛋南瓜盅

原料

南瓜1个、鸡蛋3个、白糖适量、牛奶适量、枸杞子适量

做法

1. 鸡蛋取蛋清，加白糖搅散备用。
2. 南瓜洗净，在顶部开一道口，掏空瓤。
3. 将蛋液倒入南瓜内，加入牛奶拌匀，入锅蒸熟，撒上枸杞子装饰即可。

专家点评

本品具有补虚强身、消炎止痛、润肺、杀虫、安眠的功效，适用于小儿体质虚弱、营养不良、失眠、肠道寄生虫病等症。

田园南瓜包

原料

糯米面团200克、南瓜100克、白糖15克

做法

1. 南瓜去皮、瓤，洗净切片，入锅中蒸熟，取出压成泥，将南瓜泥、白糖和糯米面团和匀。
2. 揉成光滑面团，分成40克一个的小面团。
3. 放入模子中做成南瓜状，入蒸锅蒸熟即可。

专家点评

本品具有健脾和胃、补虚强身、驱虫的功效，适用于小儿营养不良、体弱多病等症。

玉米

别名：苞米、苞谷、珍珠米
热量：8 千焦 /100 克
食量：约 150 克 / 日
性味：性平，味甘

主要营养素

膳食纤维、维生素 E

玉米含有丰富的膳食纤维，可以刺激胃肠蠕动，防止便秘，还可以促进胆固醇代谢，加速肠内毒素的排出。玉米含有维生素 E，具有促进细胞分裂、延缓衰老、降低胆固醇、防止皮肤病变的功效。

营养分析

玉米除了含有丰富的碳水化合物、蛋白质、脂肪、胡萝卜素等营养物质外，还含有异麦芽低聚糖、维生素 B_2、维生素 E 等营养成分。这些物质对预防心脏病、癌症等有很大的好处。具有开胃、利胆、通便、利尿、软化血管、延缓细胞衰老和防癌抗癌等功效。

选购保存

挑甜玉米时，可以用手掐一下，有浆且颜色较白的玉米，口感和营养最好。浆太多的则太嫩，如不出浆，就说明玉米老了，老玉米口感不佳也不甜，不宜购买。保存甜玉米的时候，可以保留甜玉米外面的叶子，然后用保鲜袋包裹好，放进冰箱保鲜层，但保存时间不宜过长。

♥ 温馨提示

玉米是一种热门的保健食物，常常出现在人们的餐桌上，主要是因为其含有丰富的营养物质，其中富含的 B 族维生素等成分对保护神经和胃肠功能有一定的功效。玉米含有丰富的维生素 A，能保护视力，防治夜盲症。

凉拌玉米南瓜子

原料

玉米粒 100 克、香油 4 毫升、南瓜子 30 克、枸杞子 10 克、盐适量

做法

1. 将玉米粒洗干净，沥干水；南瓜子、枸杞子洗净。
2. 将南瓜子、枸杞子与玉米粒一起入沸水中焯熟，捞出，沥干水后，加入香油、盐，拌匀即可。

专家点评

这道菜具有良好的滋补作用，能为宝宝提供充足的营养，还能促进其消化吸收。

玉米排骨汤

原料

玉米粒 250 克、猪排骨 200 克、胡萝卜 30 克、盐 3 克、姜片 4 克、清汤适量、葱丝适量

做法

1. 将玉米粒洗净；猪排骨洗净斩块、汆水；胡萝卜去皮洗净，切成粗条。
2. 净锅上火倒入清汤，入姜片、玉米粒、猪排骨、胡萝卜煲至熟。
3. 加入盐调味，撒上葱丝即可食用。

专家点评

玉米有调中开胃的功效；胡萝卜有养肝明目、健脾益胃的功效；猪排骨有补益气力、增强体质的作用。

莲藕

别名：莲菜、藕
热量：288 千焦 /100 克
食量：100~300 克 / 日
性味：性寒，味甘

主要营养素

维生素 K、鞣质

莲藕中含有丰富的维生素 K，具有收缩血管和止血的作用。莲藕中还含有一定量的鞣质，有健脾止泻的作用，还能够增进食欲、促进消化，有利于胃纳不佳者恢复健康。宝宝食用，对健康很有益。

营养分析

莲藕中含有丰富的蛋白质、B 族维生素、维生素 C、脂肪、碳水化合物等营养成分及钙、磷、铁等多种矿物质。生吃鲜藕能清热解烦、解渴、止呕；煮熟的莲藕则有健脾益胃、养血补心、强壮筋骨的功效。

选购保存

选购莲藕，要选无明显外伤、外皮呈黄褐色、肉肥厚而白、断口处有一股清香、藕节粗短的，这样的莲藕成熟度足，口感较佳。需要注意的是，颜色过白的莲藕，可能被漂白过，不宜选购。没切过的莲藕可在室温中保存 1 周左右，但因莲藕容易变黑、腐烂，所以切过的莲藕要在切口处覆以保鲜膜，冷藏保鲜。

♥ 温馨提示

莲藕既可当水果，又可作菜肴，生食、熟食两相宜，且都具有很好的食疗价值。在块茎类食物中，莲藕含铁量较高，对缺铁性贫血者尤为适宜。

橙子藕片

原料

莲藕 300 克、橙子 1 个、橙汁 20 毫升

做法

1. 莲藕洗净，去皮后切成薄片；橙子洗净，切成片。
2. 锅中加水烧沸，下入莲藕片煮熟后，捞出。
3. 将莲藕片与橙子片拌匀，再加入橙汁即可。

专家点评

本品具有生津止渴、理气化痰、开胃消食、清热凉血的功效，还有很好的补益作用，适用于小儿口渴、食欲不振、烦躁不安、痰多等症。

蜜汁糖藕

原料

莲藕 200 克、桂花糖适量、蜂蜜 10 毫升、糯米适量

做法

1. 莲藕洗净，切去两头；糯米洗净泡发；桂花糖、蜂蜜加开水调成糖汁。
2. 把泡发好的糯米塞进莲藕孔中，压实，放入蒸笼中蒸熟，取出。
3. 待莲藕凉后，切片，淋上糖汁即可。

专家点评

本品具有健脾开胃、清热凉血、解毒、通便的功效，适用于小儿脾胃虚弱、食欲不佳、便秘等症。

百合

别名：重迈、中庭、摩罗、重箱
热量：1 413 千焦 /100 克
食量：约 100 克（鲜品）/ 日
性味：性微寒，味甘、微苦

主要营养素

生物碱、黏液质

百合中含有多种生物碱，例如秋水仙碱等，能够增加白细胞数量，对化疗及放射性治疗后的白细胞减少症有辅助治疗作用。百合鲜品中还含有黏液质，具有润燥清热、养阴润肺等作用。

营养分析

百合中除了含有蛋白质、脂肪、还原糖、淀粉，以及钙、磷、铁等矿物质和 B 族维生素、维生素 C 等营养素外，还含有一些特殊的营养成分，如秋水仙碱等多种生物碱和黏液质，这些成分作用于人体，不仅具有很好的滋补功效，还可以起到润肺止咳、美容养颜、防癌抗癌、清心安神等效果。

选购保存

新鲜的百合在选购时应以个大、颜色白且瓣均、肉质厚、底部凹处泥土少者为佳。干百合应以干燥、无杂质、肉厚和晶莹剔透为佳。鲜百合宜存储在冰箱里。干百合宜放在干燥容器内并密封，放置在冰箱或通风干燥处。

♥ 温馨提示

宝宝肺虚干咳、心烦失眠时，妈妈可以做一些蜜炙百合给宝宝当点心食用，这样对病症有一定的疗效。

冰糖百合

原料

鲜百合100克、白糖50克、冰糖20克、盐3克

做法

1. 鲜百合洗净，逐片削去黄尖，焯烫至熟透，捞出装碗，加白糖，蒸12分钟。
2. 锅内加水，放冰糖煮溶，加盐，再下百合烧沸，撇去浮沫，盛出装盘即可。

专家点评

本品能润肺止咳、清心安神、祛除烦躁，适用于小儿干咳、失眠、心烦不安等症。

鸡丝炒百合

原料

鸡胸肉200克、黄花菜200克、鲜百合1个、盐3克、食用油适量

做法

1. 鸡胸肉洗净，切丝。
2. 鲜百合剥瓣，去老边和心；黄花菜去蒂头，洗净。
3. 锅入食用油烧热，先下鸡胸肉丝拌炒，续下黄花菜、鲜百合，加盐调味，并加20毫升水快炒，待百合呈半透明状即可。

专家点评

本品适用于小儿肺虚干咳、体弱多病、心神不安所致的失眠等症。

山药

别名：薯蓣、山芋、诸薯、延草
热量：231千焦/100克
食量：50~200克/日
性味：性平，味甘

主要营养素

铜离子、皂苷

山药中含有铜离子，铜离子对结缔组织和人体发育都有极大帮助，对血管疾病有明显疗效。山药还含有黏液蛋白，有润滑关节、滋润皮肤的作用，可益肺气、养肺阴，对肺虚咳嗽有一定的疗效。

营养分析

山药中含大量蛋白质、B族维生素、维生素C、维生素E、淀粉、氨基酸、矿物质等营养成分。新鲜块茎中含有的黏液质、消化酶等，可预防心血管壁上脂肪沉积，有助于胃肠的消化和吸收。具有健脾胃、补肺肾、补虚、固肾益精等功效。

选购保存

选购山药时，块茎的表皮是挑选的重点。新鲜的山药一般表皮比较光滑，颜色呈自然的皮肤颜色。如果需长时间保存，应该把山药放入木锯屑中包埋，短时间保存则只需用纸包好放在冷暗处即可。如果购买的是切开的山药，则要避免接触空气，以用塑料袋包好放入冰箱里冷藏为宜。

♥ 温馨提示

山药含有淀粉酶、多酚氧化酶等物质，是一味平补脾胃的药食两用之品。山药的药用价值很高，8~12月份是小儿腹泻的高发时间段，此时如果适量食用山药，对小儿腹泻有防治作用。

蓝莓山药

原料

山药300克、蓝莓酱适量

做法

1. 山药去皮洗净，切条，入开水中煮熟，放在冰水里冷却后摆盘。
2. 将蓝莓酱均匀淋在山药上即可。

专家点评

本品能健脾益胃、补肾益精、预防神经衰弱、健脑、促进消化，适用于小儿脾胃虚弱、食欲不振、肾虚乏力等症。

山药牛腩汤

原料

高汤1500毫升、牛腩200克、山药100克、盐3克

做法

1. 牛腩洗净，切块；山药去皮，洗净，切块，切花形。
2. 将牛腩放入沸水中汆去血水，捞出洗净，沥干备用。
3. 将牛腩、山药和高汤放入锅中煮沸，转小火炖煮至熟，加盐调味即可。

专家点评

本品能补肾益精、补益气血、健运脾胃，适用于小儿营养不良、贫血、体质虚弱、脾胃虚弱等症。

黑木耳

别名：树耳、木蛾、黑菜云耳
热量：1 092 千焦/100 克
食量：约 15 克（干品）/ 日
性味：性平，味甘

主要营养素

铁元素、维生素 K

黑木耳富含铁，常吃黑木耳能养血驻颜，令人肌肤红润，容光焕发，并可防治缺铁性贫血。黑木耳含有维生素 K，能减少血小板凝集，预防血栓形成，有防治动脉粥样硬化的作用。

营养分析

黑木耳含有抗肿瘤活性物质，能增强人体免疫力，经常食用可防癌抗癌；含有的胶质可把残留在人体消化系统内的灰尘、杂质吸附起来排出体外，从而起到清胃涤肠的作用，对胆结石、肾结石等内源性异物也有比较显著的化解功能。具有止血、延缓衰老、预防动脉硬化、通便等功效。

选购保存

质量好的干黑木耳大而薄，表面平滑。朵面呈乌黑或暗褐色，背面稍灰暗，光润、干燥、组织纹理清晰、互不黏结；手摸干燥，分量轻。手摸有潮湿感，分量较重的不要选购。应放在通风、透气、干燥、凉爽的地方，避免阳光长时间照射。黑木耳质地较脆，应减少翻动，轻拿轻放，其上不要压重物。

♥ 温馨提示

黑木耳含有丰富的胶质，胶质具有较强的吸附作用，对宝宝无意吃下的难以消化的头发、谷壳、木渣、沙子、金属屑等异物具有清除作用。

黑木耳炒蛋

原料

鸡蛋 1 个、干黑木耳 5 克、盐适量、酱油适量、食用油适量

做法

1. 干黑木耳泡发，洗净，切丝；鸡蛋打散备用。
2. 将食用油倒入锅中，开中火，待锅热后入黑木耳稍炒，再加入鸡蛋拌炒至熟。
3. 最后加入盐、酱油调味即可。

专家点评

本品能补气补血、润肠通便、解毒，适用于小儿气血不足、便秘等症。

黑木耳炒芹菜

原料

芹菜 200 克、金针菇 200 克、干黑木耳 10 克、盐 3 克、食用油适量

做法

1. 干黑木耳泡发，洗净切丝；金针菇洗净，与黑木耳一起焯水，捞出；芹菜洗净切段。
2. 锅中放食用油烧热，下芹菜段炒至变色，再放黑木耳、金针菇炒匀，加盐调味即可。

专家点评

本品能清热解毒、凉血平肝、润肠、抗癌，适用于小儿体虚多病、免疫力低下、高血压、便秘等症。

蘑菇

别名：蘑菇蕈
热量：82 千焦 /100 克
食量：50~200 克 / 日
性味：性平，味甘

主要营养素

维生素 D、膳食纤维

蘑菇中富含维生素 D，而维生素 D 是促进钙质吸收的重要元素，对骨骼的发育起着关键性的作用。蘑菇中还含有膳食纤维，能促进肠道蠕动，预防便秘、大肠癌等。

营养分析

蘑菇中富含蛋白质，糖类，膳食纤维，钠、钾、钙、磷、铁、铜、锌、锰等矿物质及维生素 D、维生素 B_1、维生素 B_2、维生素 B_6、维生素 C、维生素 E、维生素 K、多糖、叶酸、烟酸以及多种氨基酸等营养成分，有降血糖、降血脂、预防动脉硬化和肝硬化、增强免疫力的作用。

选购保存

在挑选蘑菇的时候，千万不能买太湿的，这样的蘑菇不但营养流失严重，还特别不容易保存。蘑菇的吸水性很强，购买时可适当用手指轻轻捏一下菌盖，如果出现滴水，说明含水太多，建议不要购买。想让蘑菇储存得久一些，可以将蘑菇买回来后在阴凉处摊开，稍微晾干后再放入冰箱保存。

♥ 温馨提示

蘑菇的营养较为丰富，药用价值也较高，是较为理想的天然食品和多功能食品。蘑菇的有效成分可增强淋巴 T 细胞的功能，从而提高人抵御疾病的免疫力。蘑菇中还含有胡萝卜素，胡萝卜素可以转化为维生素 A，能保护视力。

蘑菇海鲜浓汤

原料

玉米粒100克、虾仁35克、蘑菇30克、干贝适量、胡萝卜适量、豌豆适量、鲜牛奶适量、盐少许

做法

1. 玉米粒、豌豆均洗净；虾仁洗净切丁；蘑菇洗净，撕小片；干贝、胡萝卜均洗净切丁。
2. 锅中加水烧沸，倒入上述原料和鲜牛奶，边煮边搅动，至浓稠状。
3. 加盐调味即可。

专家点评

本品能通便、益气、健脑、增强免疫力、开胃。

小鸡炖蘑菇

原料

小仔鸡适量、蘑菇适量、葱段适量、姜片适量、干红辣椒适量、大料适量、酱油适量、盐适量、白糖适量、食用油适量

做法

1. 小仔鸡洗净剁块；蘑菇洗净。
2. 锅中放食用油烧热，放鸡块翻炒，再放所有调味料炒匀，加水炖10分钟。
3. 放蘑菇续炖30分钟即成。

专家点评

本品能滋补强身、补益虚损，适用于小儿形体瘦弱、免疫力低下等症。

金针菇

别名：构菌、朴菇、朴蕈、冻菌、金菇
热量：132 千焦 /100 克
食量：约 200 克 / 日
性味：性寒，味甘、咸

主要营养素

氨基酸、朴菇素

金针菇含有较多的人体必需氨基酸成分，对宝宝的身高和智力发育有良好的作用。金针菇中还含有一种叫朴菇素的物质，能增强人体对癌细胞的防御能力，常食还能降低胆固醇。

营养分析

金针菇富含 B 族维生素、维生素 C、碳水化合物、矿物质、胡萝卜素、多种氨基酸、植物血凝素、多糖、牛磺酸、香菇嘌呤、朴菇素等多种成分。矿物质中锌的含量较高，能促进宝宝智力发育。还具有补肝、益胃肠、抗癌的功效。

选购保存

因品种不同和培育方式的改良，我们常说的金针菇一般有两种颜色：淡黄色或黄褐色；白色。储存金针菇时，可用热水烫一下，再放冷水里泡凉，然后冷藏，可以保持原有的风味，0℃左右可储存 10 天。

♥ 温馨提示

金针菇能有效增强人体的生物活性，促进人体的新陈代谢，有利于食物中各种营养素的吸收和利用，对宝宝生长发育大有益处。此外，金针菇还具有抵抗疲劳、抗菌消炎、清除重金属类物质、抗肿瘤的作用。

金针菇炒三丝

原料

金针菇 200 克、葱丝适量、胡萝卜丝适量、豆腐皮丝适量、清汤适量、香油适量、食用油适量、盐 3 克

做法

1. 金针菇洗净。
2. 锅入食用油烧热，放葱丝、胡萝卜丝、豆腐皮丝炒香，放入少许清汤调好味。
3. 倒入金针菇炒匀，加盐调味，淋上香油即可。

专家点评

本品能补肝、防癌抗癌、健脑、促进智力发育、补益胃肠。

金针菇炒茭白

原料

茭白 350 克、金针菇 150 克、水发黑木耳 50 克、姜 2 片、红甜椒适量、香菜适量、盐适量、白糖适量、醋适量、香油适量、食用油适量

做法

1. 茭白洗净切丝，入沸水中焯烫捞出；金针菇洗净焯烫捞出；红甜椒洗净切丝；水发黑木耳、姜洗净切丝；香菜洗净切段。
2. 油锅烧热，爆香姜丝、红甜椒丝，放茭白、金针菇、黑木耳炒匀，加盐、白糖、醋、香油，撒入香菜段，装盘即可。

专家点评

本品能益胃肠、增强抵抗力、润肠通便、防癌抗癌、利尿。

茶树菇

别名：柱状环锈伞、柳松菇
热量：1 150 千焦 /100 克
食量：约 25 克（干品）/ 日
性味：性平，味甘

主要营养素

多糖、蛋白质

茶树菇含大量多糖物质，有很好的抗癌作用，故人们称茶树菇为“中华神菇”。茶树菇中蛋白质含量极高，可以作为人体重要氨基酸的组成部分，为人体提供营养，预防疾病，提高免疫力。

营养分析

茶树菇营养丰富，其所含蛋白质中有 18 种氨基酸，人体所必需的 8 种氨基酸含量齐全，赖氨酸的含量也很高，经常食用，能增强记忆力。还含有葡聚糖、菌蛋白、多糖等营养成分，并且含有丰富的 B 族维生素和钾、钠、钙、镁、铁、锌等矿物质。具有补肾、利尿、健脾、止泻、益气等功效。

选购保存

宜选择大小、粗细一致的茶树菇。茶树菇大小不统一的话，就意味着这些茶树菇不是同一个生长期的。粗大的茶树菇杆色比较淡，稍微有些棕色的比较好。另外，挑选时要闻茶树菇是否有清香味，若闻起来有霉味的茶树菇是绝对不可以买的。宜置于密封、干燥、通风处保存。

♥温馨提示

茶树菇是集营养、保健于一身的纯天然食用菌，其保健疗效高于其他食用菌。此外，茶树菇的药用价值也较高，能防癌抗癌，补益虚损。

茶树菇炒肉丝

原料

茶树菇100克、猪瘦肉60克、青椒20克、姜片少许、葱白少许、盐适量、老抽适量、生抽适量、水淀粉适量、食用油适量

做法

1. 洗净食材，茶树菇切去根茎；青椒切丝；猪瘦肉切丝，加老抽、盐、水淀粉及食用油，腌渍约10分钟。
2. 茶树菇入有食用油、盐的沸水锅内煮约半分钟，去除杂质，捞出沥干。
3. 用食用油起锅，倒入猪瘦肉丝翻炒至变色，放入姜片、葱白、青椒，快速翻炒均匀；倒入茶树菇，加盐、生抽，翻炒至入味，加水淀粉翻炒至食材熟透。

专家点评

本品适用于小儿营养不良、食欲不佳、抵抗力低下等症。

茶树菇炒鸡丝

原料

鸡脯肉400克、茶树菇100克、鸡蛋清适量、青椒丝适量、红甜椒丝适量、盐适量、白糖适量、淀粉适量、食用油适量

做法

1. 鸡脯肉洗净切丝；茶树菇泡透洗净，与鸡蛋清、盐、淀粉拌匀；白糖加水兑成汁。
2. 油锅烧热，下鸡脯肉丝滑锅；下茶树菇略炒，倒入兑好的白糖汁搅匀，撒上青椒丝、红甜椒丝即可。

专家点评

本品适用于小儿脾胃虚弱、食欲不振、营养不良等症。

香菇

别名：冬菇、香菌、爪菰、花菇、香蕈
热量：107 千焦 /100 克
食量：50~100 克 / 日
性味：性平，味甘

主要营养素

多糖、维生素 D 原

香菇中含有丰富的香菇多糖，能够提高淋巴 T 细胞的活力，从而增强人体的免疫功能。香菇中还含有丰富的维生素 D 原，对婴儿缺乏维生素 D 而引起的佝偻病有一定的辅助治疗作用。

营养分析

香菇素有“山珍之王”的美誉，是高蛋白、低脂肪的保健食材，其中含有丰富的碳水化合物、钙、磷、铁、维生素 B_1、维生素 B_2、烟酸，并含有香菇多糖、天门冬素、腺嘌呤、三甲胺、甘露醇等多种活性物质，具有化痰理气、益胃和中、透疹解毒的功效。

选购保存

选择时，要选择香菇伞盖较厚实的香菇。香菇伞盖边缘向内侧弯曲，香菇的内侧呈现乳白色，并且内侧全部为皱褶状，菇柄短而粗且菇苞未开，这样的香菇较佳。鲜香菇可用透气膜包装后，置于冰箱冷藏，可保鲜 1 周左右，或直接冷冻保存。干香菇放在密封罐中保存，并最好每个月取出，放置阳光下暴晒 1 次，可保存半年以上。

♥ 温馨提示

香菇的鲜味成分是一种水溶性物质。香菇的药用价值较高，其含有的干扰素的诱发剂具有抗病毒的作用，对儿童病毒感染性疾病有预防和辅助治疗的作用。经常食用，还能增强人体的抵抗力。

芹菜炒香菇

原料

芹菜 400 克、水发香菇 50 克、醋适量、淀粉适量、酱油适量、食用油适量

做法

1. 芹菜择去叶、根，洗净切段。
2. 香菇洗净切片；醋、淀粉混合，加 50 毫升水兑成芡汁待用。
3. 炒锅置大火上烧热，倒入食用油，下入芹菜爆炒 3 分钟，投入香菇片迅速炒匀，再加入酱油炒约 1 分钟，最后淋入芡汁，速炒起锅即可。

专家点评

本品适合脾胃虚弱、便秘及肠道疾病等患儿食用。

香菇素鸡炒肉

原料

香菇 200 克、素鸡 200 克、猪肉 150 克、胡萝卜半根、盐 3 克、食用油适量

做法

1. 素鸡切成菱形片；香菇洗净后对切；胡萝卜洗净切片；猪肉洗净切片。
2. 锅上火加水烧沸后，将素鸡片和胡萝卜片一起放入沸水中稍焯，捞出。
3. 锅加食用油烧热，下入猪肉片滑开，爆香香菇，加入素鸡、胡萝卜、盐，炒至入味即可。

专家点评

本品能补益虚损、健脾益胃、增强免疫力。

圆白菜

别名：卷心菜、包菜、甘蓝
热量：91千焦/100
食量：100~350克/日
性味：性平，味甘

主要营养素

叶酸、维生素

圆白菜富含叶酸，同时富含维生素C、维生素E和胡萝卜素等，圆白菜中维生素的含量比一般蔬菜要高，所以它具有很好的抗氧化作用及抗衰老作用，对宝宝的健康和预防疾病有很好的作用。

营养分析

圆白菜含有蛋白质、脂肪、糖类、矿物质等成分。圆白菜含有较多的微量元素钼，钼能抑制亚硝酸胺的合成，因而具有一定的抗癌作用；含有人体必需元素锰，这是人体中酶和激素等活性物质的主要成分，能促进物质代谢。圆白菜所含的膳食纤维能够结合并阻止肠内吸收胆固醇、胆汁酸，对动脉硬化、冠心病及肥胖的人特别有益。圆白菜营养丰富，对宝宝的健康生长也十分有益。

选购保存

在选购圆白菜时以结球紧实，修整良好，无老梗、焦边、侧芽萌发，无病虫害损伤为佳。保存圆白菜，宜将其放入冰箱冷藏室冷藏，可保持数天时间。

♥ 温馨提示

经常出现牙痛、腹痛等症的宝宝适宜食用，食疗效果较佳。此外，圆白菜还能消除溃疡，促进溃疡面愈合，保护宝宝的胃黏膜。

醋熘圆白菜

原料

圆白菜200克、红甜椒20克、盐3克、醋5毫升、白糖1克、食用油适量

做法

1. 圆白菜洗净切成小片；红甜椒去蒂、去籽，洗净，切小片，备用。
2. 将食用油加入锅中烧热，下入红甜椒炝锅。
3. 加入圆白菜煸炒一下，再放白糖、醋，继续煸炒至熟透，加入盐调味即可。

专家点评

本品适用于小儿不思饮食、营养不良、便秘、体弱等症。

虾米拌圆白菜

原料

圆白菜200克、虾米20克、红甜椒15克、香菜少许、香油3毫升、盐3克、食用油适量

做法

1. 圆白菜洗净，切成丝；红甜椒洗净，切成丝。
2. 锅中倒入适量清水烧开，加少许食用油，倒入圆白菜，煮约1分钟至熟捞出。
3. 把处理好的虾米倒入沸水锅中，煮1分钟至熟捞出。
4. 把圆白菜、红甜椒丝、虾米放入碗中，加盐，淋入香油拌匀，放上香菜即可。

专家点评

本品适用于小儿食欲不振、便秘、抵抗力低下等症。

小白菜

别名：油白菜、白菜秧
热量：62 千焦 /100 克
食量：100~400 克 / 日
性味：性平，味甘

主要营养素

膳食纤维、钙元素

小白菜含有丰富的粗纤维，能促进肠道蠕动，排出体内的毒素，对预防小儿便秘有重要作用。此外，小白菜含钙量高，是防治维生素 D 缺乏的理想蔬菜，适量食用对小儿的健康有益。

营养分析

小白菜中含有蛋白质、脂肪、糖类、膳食纤维、钙、磷、铁、胡萝卜素、维生素 B_1、维生素 B_2、烟酸和维生素 C 等营养成分。其中钙的含量较高，几乎是大白菜钙含量的 2~3 倍，对宝宝的骨骼生长发育有很重要的作用。具有预防心血管疾病、降低患癌风险、通利肠胃、促进肠道蠕动、保持大便通畅、健脾、利尿、促进营养吸收、缓解精神紧张等功效。

选购保存

选购小白菜，以叶色较青、新鲜、无萎蔫、无虫害为宜。保存小白菜，冬天可将其用无毒塑料袋保存，这样包裹后冷藏保存能维持 2~3 天，如果连根一起贮藏，可以延长 1~2 天。

♥ 温馨提示

用小白菜做菜汤食用，具有减肥瘦身的功效。此外，小白菜还含有一些抗过敏的营养成分，适当食用小白菜，对宝宝抗过敏很有益。

虾仁奶白菜

原料

虾仁 150 克、小白菜 80 克、盐适量、牛奶适量、姜适量、食用油适量

做法

1. 姜洗净，切丝；小白菜洗净；虾仁挑去背部泥肠，洗净。
2. 油锅烧热，放入虾仁稍炒，加入适量清水煮开，加入小白菜，倒入牛奶，再放入姜丝同煮，调入盐拌匀。
3. 起锅装盘即可。

专家点评

本品适用于小儿身乏无力、便秘、食欲不振、肾阳虚等症。

滑子菇小白菜

原料

滑子菇 200 克、小白菜 200 克、盐 2 克、生抽 8 毫升、食用油适量

做法

1. 滑子菇洗净，用温水焯过后晾干备用；小白菜洗净，切段。
2. 锅置于火上，加食用油烧热后，放入滑子菇翻炒，加入盐、生抽炒入味，再放入小白菜稍翻炒，最后起锅装盘即可。

专家点评

本品清香可口，能增强免疫力、促进食欲、补充营养、通便，适用于小儿便秘、营养不良、食欲不振等症。

娃娃菜

别名：微型大白菜
热量：33千焦/100克
食量：100~400克/日
性味：性平，味辛、甘

主要营养素

胡萝卜素、锌元素

娃娃菜中含有丰富的胡萝卜素，能够帮助保持眼角膜的润滑及透明度，促进眼睛的健康，预防眼疾。胡萝卜素也是对抗自由基最有效的抗氧化剂之一，能强化免疫系统功能，增强抵抗力。娃娃菜中还含有锌元素，对宝宝的生长发育非常有益。

营养分析

娃娃菜富含胡萝卜素、B族维生素、维生素C、钙、磷和铁等营养成分，营养丰富，具有养胃生津、除烦解渴、利尿通便、清热解毒的功效。

选购保存

选购娃娃菜，应以个头小、大小均匀、手感紧实、菜叶细腻嫩黄的为佳。新鲜的娃娃菜，没有黑点或者黑边，颜色越淡口感越嫩。温度适宜时，应密封置于凉爽处储存；温度较高时，可以不必密封，置于通风处储存即可。

♥温馨提示

娃娃菜可和鸡肉一起煲汤，不仅营养丰富，还能提高宝宝的免疫力，增强食欲。此外，娃娃菜中还含有一定的叶酸成分，叶酸是一种水溶性维生素，能促进红细胞和白细胞的生成，适量食用，能预防小儿贫血和疾病的发生。

牛奶煲娃娃菜

原料

娃娃菜 150 克、牛奶 100 毫升、高汤适量、枸杞子 10 克、盐少许、白糖 3 克

做法

1. 将娃娃菜洗净切块；枸杞子洗净备用。
2. 锅上火，倒入高汤，调入盐、白糖，放入牛奶、娃娃菜、枸杞子煲至熟即可。

专家点评

本品香甜可口，能健脾益胃、利尿、润肠、安眠、通便，适用于小儿脾胃虚弱、便秘、小便不利等症。

娃娃菜大虾汤

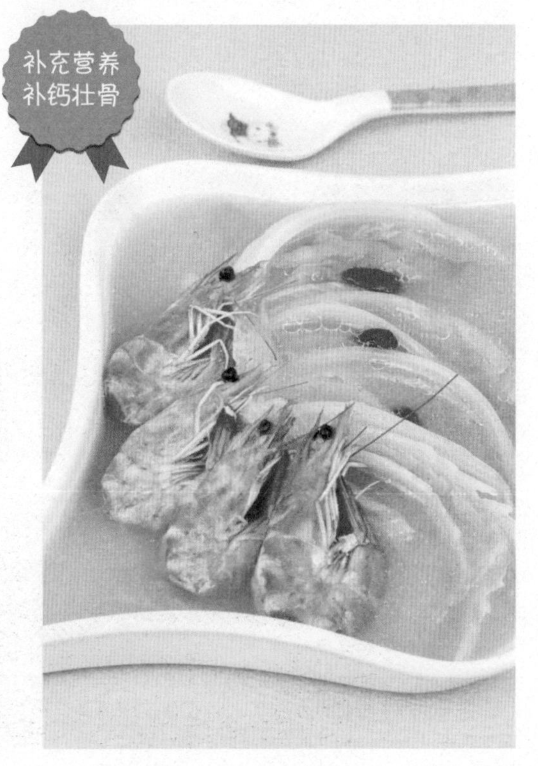

原料

鲜大虾 150 克、娃娃菜 100 克、枸杞子少许、盐少许、葱段 3 克、香油 2 毫升、食用油适量

做法

1. 将鲜大虾洗净；娃娃菜洗净切条；枸杞子洗净备用。
2. 锅上火放食用油，将葱段炒香，下枸杞子、娃娃菜、大虾同炒 1 分钟，加水，调入盐煲至入味，淋入香油即可。

专家点评

本品适用于小儿体虚乏力、便秘、食欲低下、缺钙等症。

菠菜

别名：赤根菜、鹦鹉菜、波斯菜
热量：70千焦/100克
食量：约100克/日
性味：性凉，味甘、辛

主要营养素

膳食纤维、胡萝卜素

菠菜含有大量的膳食纤维，具有促进肠道蠕动的作用，有利于排便，防止便秘。菠菜中所含的丰富的胡萝卜素在人体内可以转变成维生素A，能维护视力和上皮细胞的健康，增强预防传染病的能力，促进宝宝的生长发育。

营养分析

菠菜有“营养模范生”的美誉，其中含有碳水化合物、蛋白质、脂肪、维生素B_1、维生素B_2、维生素C、膳食纤维、胡萝卜素、铁、钾、钠、钙、磷和镁等营养素，营养非常丰富。具有促进人体健康，延缓衰老，防止便秘、痔疮，促进人体新陈代谢等功效。

选购保存

挑选菠菜时，以叶色较青、新鲜、无虫害的为宜。保存菠菜，冬天可将其用无毒塑料袋装起。如果温度在0℃以上，可以在菠菜叶上套上塑料袋，口不用扎，将其根朝下戳在地上即可。

♥温馨提示

菠菜是清理胃肠功效较佳的食物之一，其含有的膳食纤维成分，能够促进胃肠蠕动，有利排便，从而可以防止小儿便秘，达到预防疾病的效果。菠菜中铁元素的含量也较高，铁是人体血红蛋白不可或缺的重要成分，因此，宝宝常食菠菜能够很好地预防缺铁性贫血。

鸡肉菠菜糕

原料

土豆150克、鸡胸肉100克、菠菜90克、乳酪适量、面粉适量、牛奶适量、盐少许

做法

1. 菠菜洗净，焯水后切碎；土豆煮熟，去皮碾成泥；鸡胸肉洗净，汆水切小块。
2. 锅加热，放面粉、牛奶搅匀，再放菠菜、土豆、鸡胸肉，加盐调味。
3. 起锅倒入容器中，放乳酪，放入微波炉中加热3分钟即可。

专家点评

本品能通利胃肠、健脾益气、促进食欲。

双色蒸水蛋

原料

鸡蛋4个、菠菜适量、盐3克

做法

1. 将菠菜清洗干净后切碎。
2. 取碗，用盐将菠菜腌渍片刻，用力揉至出水，再将菠菜叶中的汁水挤干净。
3. 鸡蛋打入碗中拌匀，加盐，再分别倒入鸳鸯盘的两边，在盘一侧放入菠菜叶，入锅蒸熟即可。

专家点评

本品适用于小儿胃口不佳、体虚等症。

芥蓝

别名：白花甘蓝、盖蓝菜
热量：78 千焦 /100 克
食量：100~350 克 / 日
性味：性凉，味辛、甘

主要营养素

有机碱、奎宁、膳食纤维

芥蓝中富含有机碱，这使之带有一定的苦味，能刺激人的味觉神经，增进食欲，有助于消化。芥蓝中还含有另外一种苦味素奎宁，可抑制过度兴奋的体温中枢，起到降温消暑的作用。此外，芥蓝还含有膳食纤维，能防止便秘，对宝宝的生长发育很有益。

营养分析

芥蓝含有丰富的维生素 A、维生素 C，还含有钙、镁、磷、钾、膳食纤维、糖类和蛋白质、有机碱、奎宁等营养成分。具有利尿消肿、解毒、清心明目、降低胆固醇、软化血管、预防心脏病、润肠通便的功效。

选购保存

选择芥蓝时最好选秆身适中、叶片浓绿整齐、圆滑鲜嫩的。过粗的芥蓝太老，不宜选购。有黄叶和老化的芥蓝不宜选购，还要注意是否有病虫害。采摘后的芥蓝一定不要过水，宜置于冰箱冷藏，储存时间也不宜太久。

♥ 温馨提示

芥蓝有苦涩味，在炒菜时加入少量的糖或酒，可以改善口感，以防止宝宝挑食。另外，芥蓝营养较为全面，对食欲不振、消化不良、便秘等症有较好的治疗效果。适量食用芥蓝能消暑解热，但不宜过多食用。

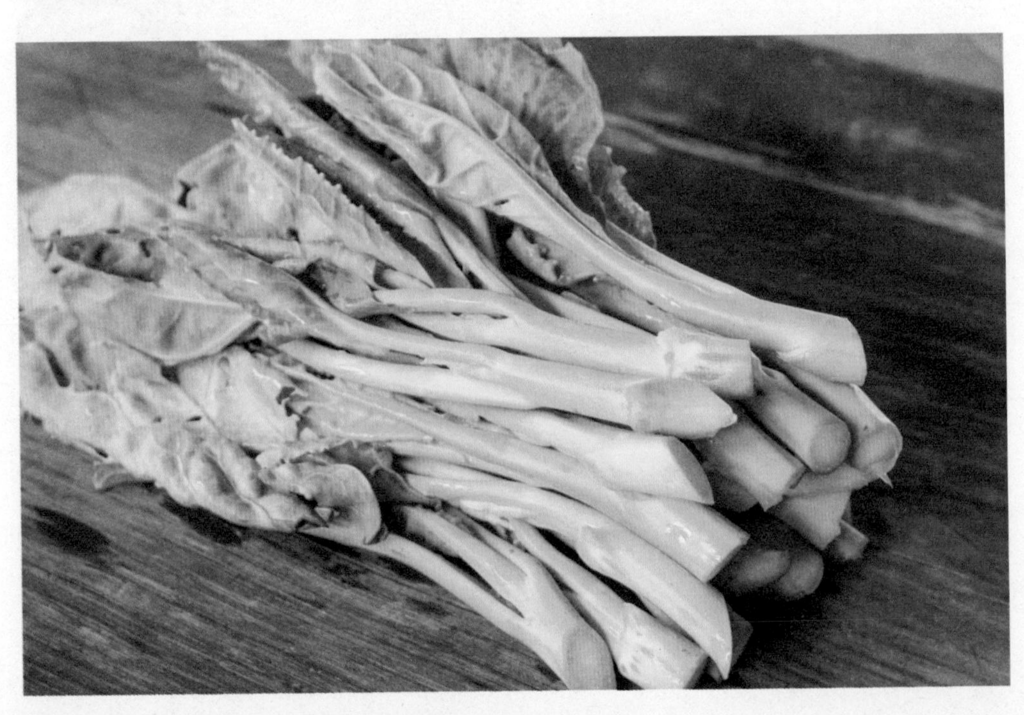

芥蓝豆腐

原料

芥蓝200克、豆腐200克、鸡胸肉100克、葱15克、蒜10克、红甜椒少许、淀粉少许、盐少许、食用油适量

做法

1. 将鸡胸肉、芥蓝与豆腐洗净后均切丁；葱、蒜、红甜椒洗净后切粒。
2. 将鸡胸肉用盐和淀粉拌匀，腌渍20分钟，入油锅炒熟，捞出。
3. 爆香葱、蒜、红甜椒，加芥蓝炒匀，入淀粉勾芡，倒入豆腐与鸡胸肉丁煮2分钟即可。

专家点评

本品适用于小儿脾胃虚弱、疲乏无力、倦怠、烦热口渴等症。

白灼芥蓝

原料

芥蓝300克、胡萝卜少许、红甜椒少许、葱白丝少许、盐3克、酱油10毫升、香油10毫升

做法

1. 芥蓝洗净，焯熟摆盘；胡萝卜、红甜椒均洗净，切丝后稍焯水。
2. 用盐、酱油、香油调成味汁，均匀地淋在芥蓝上，撒上葱白丝、胡萝卜丝、红甜椒丝即可。

专家点评

本品适用于小儿胃肠蠕动缓慢、便秘、眼睛干涩、食欲不振等症。

芹菜

别名： 蒲芹、香芹
热量： 82 千焦 /100 克
食量： 约 200 克 / 日
性味： 性凉，味甘、辛

主要营养素

膳食纤维、生物碱

芹菜是高纤维食物，其含有的膳食纤维有助肠道蠕动，排毒通便，对宝宝健康有益。此外，芹菜还含有丰富的生物碱，有镇静作用，可用于肝经有热、烦热不安、热淋、尿浊、小便不利或尿血等患者的辅助治疗。

营养分析

芹菜富含蛋白质、胡萝卜素、膳食纤维、生物碱、B 族维生素、钙、磷、铁、钾等，叶茎中还含具有药效成分的芹菜苷、佛手苷内酯和挥发油，具有降血压、降血脂、防治动脉粥样硬化的作用。同时还具有清热平肝、利尿消肿、凉血解毒、清肠通便、安神除烦的功效。

选购保存

选购时要选色泽鲜绿、叶柄厚、茎部稍呈圆形、内侧微向内凹的芹菜。储存时用保鲜膜将茎叶包严，根部朝下，竖直放入水中，水没过芹菜根部 5 厘米，可让芹菜 1 周内不老不蔫。

♥ 温馨提示

在食用芹菜时，很多人习惯将芹菜叶去掉，只留其茎秆，这是错误的，其实芹菜叶的营养要高于芹菜茎。芹菜的药用价值很高，适量食用，对神经衰弱及小儿软骨症等有较好的辅助疗效。

芹菜炒鱿鱼

原料

芹菜 200 克、鱿鱼 300 克、葱段适量、姜丝适量、盐 3 克、鸡精 2 克、蚝油 5 毫升、香油 3 毫升、食用油适量

做法

1. 鱿鱼处理干净，切段，汆水；芹菜洗净切段。
2. 锅内放食用油烧热，放芹菜、鱿鱼炒香。
3. 再将蚝油、盐、鸡精、姜丝放入锅内翻炒，淋入香油，撒上葱段即可。

专家点评

本品适用于小儿体虚无力、倦怠烦热、便秘、高血压、小便不利等症。

芹菜炒花生仁

原料

花生仁 200 克、芹菜 50 克、胡萝卜丁 50 克、番茄汁 10 毫升、盐 3 克、白糖 3 克、食用油适量

做法

1. 芹菜去叶洗净，切末，焯水后捞出。
2. 花生仁洗净，放入油锅中炒匀，加入盐、白糖，再下芹菜末、胡萝卜丁一起炒入味。
3. 盛出装盘，加番茄汁即可。

专家点评

本品适用于小儿肠燥便秘、身体虚弱、小便不利、食欲不振等症。

甜椒

别名：彩椒
热量：78 千焦 /100 克
食量：50~150 克 / 日
性味：性热，味辛

主要营养素

维生素 C、椒类碱

甜椒含有丰富的维生素 C 以及椒类碱，有利于增强人体的免疫力，提高防病抗病的能力，还具有消除疲劳、预防感冒等功效。其中的椒类碱能够促进脂肪的新陈代谢，防止体内脂肪堆积，从而达到减肥的效果。宝宝适量食用，可以预防小儿肥胖。

营养分析

甜椒中含有维生素 A、B 族维生素、维生素 C、糖类、钙、磷、铁、椒类碱等营养素，其中维生素 A 和维生素 C 含量较高。有预防心血管疾病、促进代谢、消除疲劳的功效。

选购保存

新鲜的甜椒大小均匀，色泽鲜亮，闻起来具有瓜果的香味。劣质的甜椒大小不一，色泽较为暗淡，没有瓜果的香味。保存甜椒，宜将其放入冰箱冷藏，也可将其置于通风、干燥处储存，温度不宜过高。

♥ 温馨提示

甜椒含有丰富的营养，特别是在成熟期，其营养价值更高。甜椒性质温热，具有温中、消食的功效，对于宝宝食积引起的食欲不振、消化不良有疗效。另外，甜椒还能促进人体新陈代谢，排出体内毒素，对宝宝的健康有益。

甜椒沙拉

原料

小黄瓜50克、红甜椒1个、黄甜椒1个、苜蓿芽50克、鲜牛奶15毫升、葡萄干10克、蛋黄沙拉酱10克、醋5毫升

做法

1. 小黄瓜洗净切片；苜蓿芽洗净。
2. 蛋黄沙拉酱、醋、鲜牛奶放入小碗中，拌匀做成沙拉酱。
3. 红甜椒、黄甜椒洗净切条，加小黄瓜及苜蓿芽，淋上沙拉酱，撒上葡萄干即可。

专家点评

本品适用于小儿便秘、烦躁不安、营养不良、食欲低下等症。

甜椒茄子

原料

茄子200克、红甜椒1个、黄甜椒1个、胡萝卜80克、黄瓜80克、葱末适量、姜末适量、蒜末适量、水淀粉适量、酱油5毫升、白糖5克、盐3克、食用油适量

做法

1. 茄子去皮切丁，红甜椒、胡萝卜、黄瓜分别洗净切丁；黄甜椒洗净后从1/3处横切，去籽备用。
2. 锅中加食用油烧热，放葱末、姜末、蒜末炝锅，放入除调味料之外的所有原料翻炒，加调味料调味，用水淀粉勾芡，装入黄甜椒中即可。

专家点评

本品能补充营养、开胃消食、促进代谢。

菜花

别名：花菜、花椰菜
热量：99 千焦 /100 克
食量：100~400 克 / 日
性味：性平，味甘

主要营养素

维生素 C、类黄酮

菜花中的维生素 C 含量非常高，有利于宝宝的生长发育，能够促进肝脏解毒的功能，提高免疫力。菜花是含有类黄酮最多的食物之一，类黄酮除了可以防止感染，还是最好的血管清理剂、抗氧化剂之一。

营养分析

菜花中的营养成分不仅含量高，而且十分全面，主要有蛋白质、碳水化合物、脂肪、维生素 C、类黄酮和胡萝卜素等，以及钙、磷、铁、钾、锌、锰等矿物质。菜花具有爽喉、开音、润肺、止咳、抗癌、润肠等功效。

选购保存

选购菜花时，宜选购花球周边未散开，没有异味、毛花，且叶子无萎黄的。菜花不宜保存太久，最好即买即吃，即使温度适宜，也要尽量避免存放 3 天以上，保存时需将其放入冰箱冷藏。

♥ 温馨提示

菜花容易生菜虫，且常会有农药残留，因此处理时应将其放在盐水里浸泡几分钟，再烹制。另外，孩子食用菜花时，要教导其多咀嚼几下，否则不利于消化以及营养的吸收。宝宝常吃菜花能够提高免疫力，预防疾病。

菜花炒西红柿

原料

菜花250克、西红柿200克、香菜10克、盐适量、食用油适量

做法

1. 菜花洗净，切成小朵，焯水，捞出沥干；香菜洗净切小段；西红柿洗净，切小丁。
2. 锅加油烧热，放入菜花和西红柿丁，调入盐翻炒均匀，盛盘，撒上香菜段即可。

专家点评

本品能开胃消食、润肠通便、利咽开音，适用于小儿食积不化、声音嘶哑、便秘等症。

珊瑚菜花

原料

菜花300克、青椒1个、白糖适量、醋15毫升、香油5毫升、盐少许

做法

1. 将菜花洗净，切成小块；青椒去蒂和籽，洗净后切成小块。
2. 将青椒和菜花放入沸水锅内烫熟，捞出，过凉水，沥干，放入盘内。
3. 加入盐、白糖、醋、香油，一起拌匀即成。

专家点评

本品含有丰富的维生素，适用于小儿体质瘦弱、倦怠无力等症。

丝瓜

别名：天丝瓜、天罗、蛮瓜
热量：82 千焦 /100 克
食量：100~500 克 / 日
性味：性凉，味甘

主要营养素

维生素 C、B 族维生素

丝瓜含有非常丰富的维生素 C，能够促进机体新陈代谢，提高人体的免疫力。丝瓜中的 B 族维生素含量也很高，有利于小儿的大脑发育。丝瓜中所含的 B 族维生素和维生素 C 还具有防止皮肤衰老、美白护肤的功效，因此丝瓜水有“美人水”之称。

营养分析

丝瓜含有丰富的蛋白质、脂肪、碳水化合物、钙、磷、铁及维生素 B_1、维生素 C 等营养成分，还含有皂苷、植物黏液、木糖胶、丝瓜苦味质、瓜氨酸等。具有清凉、利尿、通经、解毒的功效。

选购保存

选购丝瓜时，应选择鲜嫩、结实、光亮，皮色为嫩绿或淡绿色，果肉顶端饱满，无臃肿感的。若皮色枯黄或瓜皮干皱、瓜体肥大且局部有斑点和凹陷，则不要购买。丝瓜宜快切快炒，可以在削皮后用水淘一下，或者是用开水烫一下。丝瓜宜放在阴凉、通风处保存或放入冰箱冷藏。

♥ 温馨提示

丝瓜是清热凉血的佳品，其营养也较为丰富，适宜夏季暑热天气食用。对于由天气燥热引起的小儿不思饮食、口干渴等情况有较好的治疗效果。另外，丝瓜是性质寒凉的蔬菜，脾胃虚寒的宝宝要少食。

铜盆蒸丝瓜

原料

丝瓜350克、粉丝50克、青椒适量、红甜椒适量、香油15毫升、盐3克、鸡精2克、蒜蓉少许

做法

1. 青椒、红甜椒均洗净，去籽切丁。
2. 丝瓜洗净，去皮切段，摆放在铜盆内；粉丝泡软，铺在上面；将盐、鸡精、香油、蒜蓉拌匀，淋在丝瓜上。
3. 入锅蒸熟，撒上青椒丁、红甜椒丁即可。

专家点评

本品适用于小儿食欲不振、暑热烦渴、小便不通或短赤等症。

丝瓜豆腐汤

原料

嫩豆腐200克、丝瓜150克、盐3克、酱油4毫升、米醋少许、姜少许、葱少许、食用油适量

做法

1. 丝瓜洗净切片；嫩豆腐洗净切块；姜洗净切丝；葱洗净切葱花，备用。
2. 炒锅放食用油烧热，投入姜丝、葱花煸香，加适量水，下豆腐块和丝瓜片，大火烧沸。
3. 用小火煮5分钟，调入盐、酱油、米醋即可。

专家点评

本品能生津润燥、清热解毒、凉血利尿、通便、健脾和胃。

黄瓜

别名：胡瓜、王瓜、刺瓜、青瓜
热量：62 千焦 /100 克
食量：100~400 克 / 日
性味：性凉，味甘

主要营养素

葫芦素 C、B 族维生素

黄瓜中含有较高的葫芦素 C，具有提高人体免疫功能的作用，可达到抗肿瘤、预防疾病的目的。此外，黄瓜中还含有丰富的 B 族维生素，对改善大脑和神经系统功能有利，具有安神定志的功效，可以辅助治疗失眠。

营养分析

黄瓜中含有丰富的蛋白质、糖类、维生素 B_2、维生素 C、维生素 E、胡萝卜素、烟酸、葫芦素 C 等营养成分，还含有钙、磷、钾、铁等矿物质，具有除湿、利尿、降脂、镇痛、促消化、清热的功效。

选购保存

以鲜嫩带白霜，顶花带刺，瓜体直，均匀整齐，无折断损伤，皮薄肉厚，无苦味，无病虫害者为佳；瓜身弯曲而粗细不均匀，但无畸形，或是瓜身萎蔫不新鲜者次之；色泽为黄色或近于黄色，瓜呈畸形，中间膨大，有苦味或肉质发糠，瓜身有病斑或烂点者不宜购买。黄瓜洗净浸泡在盛有淡盐水的水槽里，在 18~25℃的常温下，可保鲜 20 天。

♥ 温馨提示

食用时可与豆腐搭配，既能清热解暑，又能解毒消炎，对消化功能相对较弱的宝宝而言，是一道不错的膳食。另外，黄瓜是凉性食物，不宜大量生食，否则对健康不利。

黄瓜鸽蛋汤

原料

黄瓜 200 克、鸽蛋 6 个、盐 1 克

做法

1. 黄瓜去皮洗净，切片。
2. 锅内注水，烧至沸时，加入黄瓜煮 5 分钟后，再向锅内打入鸽蛋。
3. 煮 3 分钟，加盐煮至入味即可。

专家点评

本品能增强人体免疫力、改善皮肤的血液循环、清热解毒、利尿，适用于小儿体弱多病、小便不利、营养不良等症。

黄瓜西红柿沙拉

原料

黄瓜 100 克、西红柿 100 克、酱牛肉 50 克、鸡蛋 2 个、生菜少许、沙拉酱适量、柠檬汁少许

做法

1. 生菜洗净放盘底；黄瓜、西红柿洗净切瓣；鸡蛋煮熟剥壳，切片；酱牛肉切片。
2. 黄瓜、西红柿、酱牛肉、鸡蛋摆盘。
3. 淋上沙拉酱，滴入几滴柠檬汁即可。

专家点评

本品能强筋壮骨、补虚强身、利尿解毒、清热凉血。

莴笋

别名：莴苣、春菜、千金菜
热量：58千焦/100克
食量：100~400克/日
性味：性凉，味甘、苦

主要营养素

膳食纤维、钾元素

莴笋含有大量膳食纤维，能够促进肠道蠕动，通利肠道，帮助大便排泄，从而防止便秘。莴笋中的钾含量也较高，使得莴笋具有促进排尿的功效，对高血压和心脏病患者极为有益。

营养分析

莴笋的食疗价值很高，含有碳水化合物、蛋白质、脂肪、膳食纤维、钾、磷、钙、钠、镁、叶酸、维生素A、维生素B_1、维生素B_2、维生素B_6、维生素E和维生素K等多种营养成分，具有利五脏、通经脉、清胃热、消积下气、宽肠通便、防癌抗癌的功效。

选购保存

以粗短条顺，不弯曲，大小整齐；皮薄，质脆，水分充足，笋条不蔫萎，不空心，表面无锈斑；不带黄叶及烂叶、不老、不抽薹；整修洁净，无泥土者为最佳。将买来的莴笋放入盛有凉水的器皿内，水淹至莴笋主干1/3处，在室内可保存3~5天。

♥温馨提示

莴笋中烟酸的含量较丰富，烟酸是胰岛素的激活剂，可改善人体血糖代谢功能，对有遗传性的糖尿病小儿尤佳。另外，莴笋中含有较多的铁元素，能防治小儿缺铁性贫血。

酸甜莴笋

原料

嫩莴笋500克、西红柿2个、柠檬汁50毫升、蒜泥10克、白糖10克、盐适量

做法

1. 莴笋削皮洗净切丁，入沸水略烫；西红柿洗净去皮切块。
2. 将所有调味料共入碗中调成味汁。
3. 将做法1中的原料放入容器，淋上味汁拌匀即可。

专家点评

本品能开胃消食、清热解毒、利尿通便、消暑生津，适用于小儿不思饮食、小便不利、烦热口渴等症。

爽口莴笋丝

原料

莴笋200克、熟白芝麻适量、香菜适量、盐2克、生抽适量、香油适量、醋适量

做法

1. 莴笋削皮，洗净，切成细丝；香菜洗净，备用。
2. 锅倒水烧沸，放入莴笋丝焯烫30秒左右，捞出后过冷水沥干后，装盘。
3. 加盐、生抽、香油、醋、熟白芝麻、香菜拌匀即可。

专家点评

本品酸甜可口，能润肠通便、开胃消食、利尿、清热、消暑。

土豆

别名： 山药蛋、洋番薯、洋芋、马铃薯
热量： 313千焦/100克
食量： 约200克/日
性味： 性平，味甘

主要营养素

膳食纤维、钾元素

土豆含有大量膳食纤维，能宽肠通便，帮助人体及时排泄毒素，防止便秘，预防肠道疾病的发生。土豆还含有较高的钾，能利尿降压，对宝宝的健康有益。

营养分析

土豆含有维生素B_1、维生素B_2、维生素B_6及大量的优质膳食纤维，还含有微量元素、氨基酸、蛋白质、脂肪和碳水化合物等营养素。具有健脾和胃、益气宽中、缓急止痛、通利大便的功效。

选购保存

挑选土豆时，应选择肉色浅黄，质地紧密，皮色光洁，薯形圆整，芽眼较浅，表皮完好的。不宜选择发芽了的土豆。在储存时，土豆可以与苹果放在一起，因为苹果产生的乙烯会抑制土豆芽眼处细胞产生生长素。

♥温馨提示

土豆含有大量的膳食纤维，食用土豆易产生饱腹感，而且其脂肪含量较低，是减肥的佳品。但土豆含有一些有毒的生物碱，在其发芽时达到极大值，故发芽的土豆不要食用。

葡萄干土豆泥

原料

土豆 200 克、葡萄干适量、蜂蜜少许

做法

1. 葡萄干入温水泡软，备用。
2. 土豆洗净去皮，蒸熟后压碎成泥。
3. 二者共入锅，加适量水，放火上用小火煮，待熟时加入蜂蜜即可。

专家点评

本品能健脾益胃、养血益气、润肠通便，适用于小儿形体瘦弱、免疫力低下、便秘等症。

土豆黄瓜沙拉

原料

土豆 100 克、黄瓜 100 克、圣女果 80 克、沙拉酱适量

做法

1. 土豆去皮洗净切丁；黄瓜洗净切丁；圣女果洗净。
2. 将土豆放入沸水锅中焯水后捞出。
3. 将土豆、黄瓜、圣女果摆盘，淋上沙拉酱即可。

专家点评

本品能开胃消食、生津止渴、健脾益气、通便，适用于小儿食欲不振、营养不良、暑热烦渴、便秘等症。

红薯

别名：山芋、甘薯、地瓜
热量：408千焦/100克
食量：200~600克/日
性味：性平，味甘

主要营养素

胡萝卜素、膳食纤维

红薯含有丰富的胡萝卜素，可以抗氧化，消除有致癌作用的自由基，增强人体的免疫力。此外，红薯中含有的膳食纤维能够刺激消化液分泌及胃肠蠕动，从而起到通便的作用，可防止便秘。

营养分析

红薯含有丰富的碳水化合物、膳食纤维、胡萝卜素、维生素A、B族维生素、维生素C、维生素E以及钾、铁、铜、硒、钙、亚油酸等，营养价值很高，被营养学家们称为“营养最均衡的保健食品”。其具有抗癌、保护心脏、益气健脾、减肥美容、通便等功效。

选购保存

选购红薯时以外表干净、光滑、形状好、坚硬和发亮的为好。发芽、表面凹凸不平的红薯不要买；表面有伤的红薯也不要买，因为容易腐烂。红薯买回来后，可放在外面晒1天，保持外皮的干爽，然后放到阴凉、通风处，不宜放在塑料袋中。

♥ 温馨提示

在秋天，让孩子适量食用一些红薯，能起到预防秋燥的效果。红薯含有一种氧化酶，这种酶容易在人的胃肠道里产生大量二氧化碳气体，如吃过多红薯，会产生腹胀、打嗝症状，故不宜多食。

红薯芋圆

原料

芋头300克、红薯300克、面粉250克、白糖适量

做法

1. 面粉加白糖，用热水调匀。
2. 芋头去皮洗净，切块；红薯洗净去皮，切块，二者分别蒸至熟烂。
3. 芋头、红薯入锅，加调好的面粉水，煮沸即可。

专家点评

本品能健脾益胃、促进胃肠蠕动、通便、补充营养，适用于小儿营养不良、形体瘦弱、便秘等症。

红薯红豆汤

原料

红豆200克、糯米粉200克、土豆100克、红薯100克、芋头100克、山药粉50克、冰糖20克

做法

1. 红豆煮熟，加冰糖、山药粉制成红豆汤；土豆、红薯、芋头分别洗净，去皮蒸熟。
2. 糯米粉加水拌匀，分3份，分别拌入红薯、芋头、土豆，揉成3种圆子，煮熟后加入红豆汤同食。

专家点评

本品营养丰富，能健脾益气、利尿消肿、增加饱腹感、补充营养。

苹果

别名：滔婆、柰、柰子、频婆
热量：214 千焦 /100 克
食量：1~2 个 / 日
性味：性平，味甘、微酸

主要营养素

膳食纤维、维生素 C

苹果中富含膳食纤维，可促进胃肠蠕动，协助人体顺利排出废物，减少有害物质对人体的危害。苹果中含有的维生素 C，是心血管的保护神、心脏病患者的健康元素，还能提高人体的免疫力。

营养分析

苹果含丰富的糖类、蛋白质、磷、铁、钾等营养物质，还含有苹果酸、奎宁酸、柠檬酸、单宁酸、膳食纤维、B 族维生素、维生素 C 等成分。具有生津止渴、健脾益胃、润肠、止泻、解暑、醒酒等功效。

选购保存

新鲜苹果应该选择结实、口感松脆、色泽美观的，敲打时，如声音不脆，表示不新鲜。成熟苹果有一定的香味、质地紧密；未成熟的苹果颜色不好、底部泛出青色，也没有香味；过熟的苹果在表面轻压很易凹陷。苹果放在阴凉处可以保持 7~10 天，如果装入塑料袋放进冰箱里，能够保存更长时间。

♥ 温馨提示

苹果含有较多的维生素和矿物质，营养较为丰富，常吃苹果既能减肥，又有助于消化。此外，苹果中的果胶和微量元素铬还能维持血糖的稳定，不仅是糖尿病患者的健康小吃，而且是想要控制血糖的人必不可少的水果。

葡萄苹果汁

原料

红葡萄 150 克、苹果 1 个

做法

1. 红葡萄洗净，切片；苹果洗净，去皮，切块。
2. 把葡萄片、苹果块放入榨汁机中榨汁，倒入杯中即可饮用。

专家点评

本品富含维生素 C，且具有降低血脂、生津止渴、健脾消食、止泻的功效。

苹果贝壳沙拉

原料

贝壳面 250 克、西红柿 1 个、苹果适量、哈密瓜适量、酸奶 20 毫升

做法

1. 西红柿去蒂，洗净切丁；苹果洗净，切丁；哈密瓜去皮，洗净切丁。
2. 锅入水烧沸，放西红柿、贝壳面煮熟，捞出沥水，放入盘中。
3. 将苹果、哈密瓜倒入盘中，加酸奶拌匀即可。

专家点评

本品能生津、清凉消暑、除烦热、利尿解毒、健胃消食。

橙子

别名：橙、金球、香橙、黄橙
热量：194千焦/100克
食量：1~2个/日
性味：性凉，味甘、酸

主要营养素

维生素C、膳食纤维

橙子中含有丰富的维生素C，能够增强人体的抵抗力，是名副其实的抗氧化剂。橙子中还含有丰富的膳食纤维，可以促进肠道蠕动，有利于清肠通便，排出体内有害物质，还能防止便秘。

营养分析

橙子含有丰富的维生素C、钙、磷、钾、胡萝卜素、柠檬酸、橙皮苷以及醛、醇、烯类等营养物质，还含有蛋白质、脂肪、碳水化合物、膳食纤维等营养成分，具有行气化痰、健脾开胃、帮助消化、增强食欲等功效。

选购保存

橙子表皮颜色呈现闪亮色泽的橘色或深黄色表示比较新鲜、成熟，要避免挑选过于成熟的苍黄色橙子，或是表皮太涩的绿色橙子，及表皮上有孔的橙子。从外皮上看，外皮薄的比较甜；皮上的油胞，细的比粗的好。常温下，置于阴凉、干燥处可保存1~2周，置于冰箱可保存更长时间。

♥ 温馨提示

橙子中维生素成分较多，饭后食用橙子，能解油腻、消积食、止渴，对宝宝的胃肠健康有益。但是，需要注意的是，饭前或空腹时不宜食用橙子，否则其所含的有机酸易刺激胃黏膜，对胃不利。

橙汁藕条

原料

莲藕 400 克、果珍粉 30 克、橙汁 50 毫升

做法

1. 将莲藕洗净，削去外皮后再切成长条状。
2. 锅上火，烧沸适量清水，放入藕条焯烫至断生，捞起，放入盘中。
3. 接着倒入果珍粉，拌匀，最后倒入橙汁，搅拌均匀即可食用。

专家点评

本品能健脾开胃、清热润肺、帮助消化，适用于小儿脾胃虚弱、食欲不振等症。

橙汁冬瓜球

原料

冬瓜 400 克、橙汁 100 毫升、白糖 15 克

做法

1. 冬瓜洗净，入蒸笼蒸熟，取出，用勺子挖成球状，摆盘。
2. 橙汁中加入白糖至溶化，待冬瓜球冷却后淋在上面即可。

专家点评

本品能增强食欲、利尿通便、提高人体免疫力，适用于小儿小便不利、食欲不振、免疫力低下等症。

橘子

别名：橘柑、柑橘、橘柑子
热量：177 千焦 /100 克
食量：2~4 个 / 日
性味：性凉，味甘、酸

主要营养素

橘皮苷、维生素 C

橘子含有生理活性物质橘皮苷，所以可降低血液的黏稠度，减少血栓的形成。橘子含有较为丰富的维生素 C，而维生素 C 是一种较强的抗氧化剂，能够延缓皮肤衰老、美容养颜、提高人体免疫力、预防疾病等。

营养分析

橘子含有丰富的糖类（葡萄糖、果糖、蔗糖）、维生素、苹果酸、柠檬酸、蛋白质、脂肪、橘皮苷、膳食纤维、有机酸以及钙、磷、镁、钠等人体必需的矿物质。此外，橘子还含有丰富的果酸成分，具有健胃、润肺、开胃、清肠、利便等功效。

选购保存

要尽量选购金黄色的橘子，有些品种已经不单是纯粹的金黄色，而是黄色中带点红色的倾向，也宜选购。如果橘子很轻，很可能已经放久了，因为秋冬季节比较干燥，水果比较容易缺水，也不宜购买。储存时装在有洞的网袋中，放置通风处即可。放进冰箱保鲜，可以保存 1 个月不变质。

♥ 温馨提示

许多人吃橘子时，都喜欢将橘瓤外白色的筋络扯净，这种吃法是不科学的。橘瓤外白色的网状筋络就是中药中的橘络，具有通络化痰、行气活血之功。橘络还含有膳食纤维，可以促进通便，并且可以降低胆固醇。

银耳橘子汤

原料

银耳 75 克、橘子半个、冰糖 10 克

做法

1. 银耳泡软，洗净去硬蒂，切小片；橘子剥开取瓣。
2. 锅内加水，放银耳同煮 30 分钟。
3. 待银耳煮开后，加冰糖拌匀，放橘子略煮即可。

专家点评

本品适用于小儿肺虚咳嗽、便秘、胃肠虚弱等症。

橘子山楂糖水

原料

甘蔗 80 克、山楂 30 克、橘子 1 个、白糖适量

做法

1. 甘蔗去皮洗净；斩段；山楂洗净；橘子去皮掰成瓣。
2. 锅中加水，放山楂、甘蔗，轻搅，上盖烧沸，小火煮 15 分钟。
3. 放橘子、白糖拌匀，煮沸即可。

专家点评

本品能理气消食、清热、生津、开胃、润燥，适用于小儿心烦口渴、烦躁不安、消化不良、便秘等症。

桃子

别名：佛桃、水蜜桃
热量：198千焦/100克
食量：1个/日
性味：性温，味甘、酸

主要营养素

桃胶、铁元素

桃子中富含胶质物，俗称“桃胶”，这类物质到大肠中能增加大便的体积，能达到预防便秘的效果。桃子的含铁量也较高，是缺铁性贫血患者的理想辅助食物，能预防贫血。

营养分析

桃子营养丰富，含有有机酸、蛋白质、脂肪、维生素 C、维生素 B_1、维生素 B_2、类胡萝卜素、桃胶，还含有蛋白质、脂肪、碳水化合物、膳食纤维、钙、磷、铁、钾、苹果酸、柠檬酸及挥发油等营养成分。具有温中、生津、润燥、活血、开胃的功效。

选购保存

桃子以果体大，形状端正，外皮无伤、无虫蛀斑；果色鲜亮，顶端和向阳面微红；果肉白净，肉质细嫩，果汁多，甜味浓的为上品。桃子放入冰箱冷藏 1~2 小时即可。如果长时间冷藏的话，要先用纸将桃子包好，再放入箱子中，避免桃子与冷气直接接触。

♥ 温馨提示

桃子的营养成分中，钾元素含量较高，钠的含量较少，从而使得桃子具有利尿的作用，可减轻水肿。桃子虽好，但不能过多地食用，因为桃子性温，吃多了会上火，还会生疮。

鲜桃炒山药

原料

鲜山药500克、五指鲜桃1个、食用油25毫升、白糖10克、盐3克、鲜牛奶25毫升、水淀粉少许

做法

1. 将五指鲜桃、鲜山药分别去皮，洗净切片。
2. 锅中注适量水烧沸，放入切好的原料焯烫，捞出，入油锅中翻炒。
3. 调入盐、白糖、鲜牛奶炒匀，以水淀粉勾芡出锅即可。

专家点评

本品能生津益肺、补肾涩精、开胃，适用于小儿脾虚食少、肺虚咳喘、口渴口干等症。

黄桃芦荟黄瓜

原料

黄桃80克、芦荟50克、黄瓜20克、红枣10克、圣女果1个、白糖8克

做法

1. 黄桃洗净，去皮，切片；芦荟洗净，去皮，切块；红枣、圣女果洗净；黄瓜洗净，切片。
2. 锅中加水烧开，放入芦荟、白糖煮15分钟，装入碗中。
3. 把黄桃片、红枣、圣女果、黄瓜摆放在芦荟上即可。

专家点评

本品具有强心、开胃、补益虚损、增强抵抗力的功效。

葡萄

别名：草龙珠、山葫芦、蒲桃、菩提子
热量：177 千焦 /100 克
食量：50~100 克 / 日
性味：性平，味甘、酸

主要营养素

聚合苯酚、类黄酮

葡萄中含有天然的聚合苯酚，能与病毒或细菌中的蛋白质结合，使之失去传播的能力，能杀菌、抗病毒。葡萄中含的类黄酮是一种强力抗氧化剂，可抗衰老，并可清除体内自由基。

营养分析

葡萄中含有钙、钾、铁等矿物质以及聚合苯酚、类黄酮、维生素 B_1、维生素 B_2、维生素 B_6、维生素 C 和维生素 P 等多种营养成分。葡萄果实中，葡萄糖、有机酸、氨基酸、维生素的含量较为丰富，可补益大脑，对神经衰弱者有疗效。具有滋阴补血、强健筋骨、通利小便的功效。

选购保存

以外观新鲜，大小均匀，枝梗新鲜牢固，颗粒饱满，外有白霜者品质最佳。新鲜的葡萄用手轻轻提起时，颗粒牢固。如果葡萄纷纷脱落，则表明不够新鲜。将葡萄用干净的纸包好，放在冰箱里贮存，但不要使用塑料袋。还可以把葡萄放进纸箱后，再放入冰箱保存。

♥ 温馨提示

成熟的葡萄中含有 15%~25% 的葡萄糖以及多种对人体有益的矿物质和维生素。食欲不佳的儿童常食葡萄有助于开胃。葡萄还是一种药食两用的水果，具有补肾阴的作用，肾阴亏虚的人多吃葡萄或葡萄干，有助于恢复健康。

葡萄黑麦汁

原料

葡萄 100 克、黑麦汁 90 毫升、糖浆适量

做法

1. 葡萄洗净去皮，剖开去籽。
2. 将葡萄放入果汁机，加入黑麦汁打匀，用细网滤出汁水，倒入杯中。
3. 加入糖浆、温开水拌匀即可饮用。

专家点评

本品能滋阴补血、通利小便、补益虚损，适用于小儿小便不通或短赤、贫血、形体瘦弱、口干渴等症。

葡萄奶昔

原料

葡萄 300 克、酸奶 300 毫升、冰块适量

做法

1. 将冰块放入搅拌机打碎；将葡萄洗净、去皮去籽。
2. 将碎冰块、葡萄和酸奶一起放入搅拌机充分搅拌，倒入杯中，再用几颗葡萄装饰即可。

专家点评

本品所含热量较高，能给人体提供足够的能量，还能通利小便、开胃消食，适用于小儿食欲不振、形体瘦弱等症。

香蕉

别名：蕉子、蕉果、甘蕉
热量：367 千焦 /100 克
食量：1~2 根 / 日
性味：性微寒，味甘

主要营养素

维生素 A、膳食纤维

香蕉中富含维生素 A，维生素 A 能促进生长，增强人体抵抗力，是维持正常生殖功能和视力所必需的，对宝宝的视力和生长发育有益。香蕉中含有膳食纤维成分，能促进肠道蠕动，防止便秘。

营养分析

香蕉含有蛋白质、钙、磷、钾、铁、胡萝卜素、维生素 A、维生素 B_1、维生素 B_2、维生素 C、膳食纤维等营养成分。此外，香蕉果肉甲醇提取物对细菌、真菌有抑制作用，可消炎抑菌；香蕉中含血管紧张素转化酶抑制物质，可以抑制血压的升高。具有润肠、通便、解酒、降血压、抗癌的功效。

选购保存

色泽鲜黄、表皮无斑点的香蕉，内部还没有完全脱涩转熟，不宜购买。成熟适度的香蕉黄黑泛红、稍带黑斑，最好是表皮上有黑芝麻点、皱纹的。香蕉捏时觉得有软熟感的其味甜，且果肉淡黄、纤维少、口感细嫩，带有桂花香味宜购买。香蕉买回来后，最好用绳子串起来，挂在通风处保存。

♥ 温馨提示

香蕉是营养丰富且常见的水果之一，其含有较高的果胶成分，而果胶能促进胃肠蠕动，从而起到防止便秘、通便的效果；香蕉内的钾元素含量较高，可以将体内过多的钠元素排出体外，能起到降低血压的效果。

香蕉菠萝奶昔

原料

香蕉150克、鲜牛奶150毫升、菠萝汁50毫升、柠檬汁50毫升、红糖适量

做法

1. 香蕉去皮，将果肉切段；鲜牛奶加热至45℃。
2. 搅拌机洗净，放入所有原料搅匀，倒入杯中即可。

专家点评

本品能清暑解渴、消食开胃、润肠通便、生津祛暑，适用于小儿暑热烦渴、食欲不振、肠燥便秘。

香蕉玉米羹

原料

大米80克、香蕉适量、玉米粒适量、豌豆适量、冰糖12克、胡萝卜丁适量

做法

1. 大米泡发洗净；香蕉去皮，切片；玉米粒、豌豆洗净。
2. 锅置火上，注入清水，放入大米，用大火煮至米粒绽开。
3. 放入香蕉、玉米粒、豌豆、胡萝卜丁、冰糖，用小火煮至闻到香味时即可食用。

专家点评

本品适用于小儿暑热烦渴、脾虚食少、营养不良等症。

樱桃

别名：车厘子、莺桃、含桃
热量：190 千焦 /100 克
食量：5~15 颗 / 日
性味：性温，味甘

主要营养素

铁元素、维生素 A

樱桃中的含铁量特别高，位居各种水果之首。经常食用樱桃可以补充人体对铁元素的需求，促进血红蛋白再生，预防缺铁性贫血，增强体质，健脑益智。樱桃中维生素 A 的含量也较高，能够保护视力。

营养分析

樱桃含有维生素 A、B 族维生素、维生素 C、蛋白质、脂肪、碳水化合物、膳食纤维、铁、钙、磷和胡萝卜素等营养成分。具有健脾和胃、消食、补铁补血、养颜的功效。

选购保存

选购樱桃时，首先，以表皮稍硬为宜，因为这样的樱桃果蝇钻不进去，不会留下虫卵；其次，看光泽，表皮发亮的最好；最后，看果梗，应挑选绿颜色的，如果有发黑的现象，则表明已不新鲜。樱桃在常温下能存放 3~5 天，存放在冰箱里，能保持鲜嫩的口感，时间也会更长些，储存时应该带着果梗，否则易腐烂。

♥ 温馨提示

对于儿童来说，在麻疹流行期间，由于其抵抗力较低，很容易感染麻疹病毒，而饮用樱桃汁对预防麻疹有很好的效果。

樱桃果酱甜橙

原料

橙子 40 克、酸梅果酱 30 毫升、樱桃 20 克、白糖 10 克

做法

1. 橙子去皮，切小块；樱桃洗净，去核。
2. 在锅中加水烧沸，把酸梅果酱倒入锅中搅匀，依次加橙子、樱桃，上盖煮沸。
3. 加白糖，煮至完全溶化即可。

专家点评

本品能增进食欲、止咳、增强毛细血管韧性、助消化，适用于小儿消化不良、咳嗽、食欲不振等症。

樱桃西红柿柳橙汁

原料

樱桃 300 克、柳橙 1 个、西红柿半个

做法

1. 将柳橙洗净，对切，榨汁。
2. 将樱桃、西红柿洗净，切小块，放入榨汁机榨汁，以滤网去残渣。
3. 将柳橙汁及樱桃西红柿汁混合拌匀即可。

专家点评

本品能清热化痰、健脾和胃、消食、通便、补血，适用于小儿肺热咳嗽、脾胃虚弱、食欲不佳、便秘等症。

猕猴桃

别名： 奇异果、野梨、洋桃、藤梨
热量： 231千焦/100克
食量： 1个/日
性味： 性寒，味甘、酸

主要营养素

肌醇、膳食纤维

猕猴桃含有大量的天然糖醇类物质肌醇，能有效地调节糖代谢，调节细胞内的激素和神经的传导效应。猕猴桃中有良好的膳食纤维，能降低胆固醇，促进心脏健康，而且可以防止便秘。

营养分析

猕猴桃果实含有糖类、肌醇、蛋白质、维生素 B_1、膳食纤维、维生素C、维生素A、胡萝卜素等多种营养成分以及钙、磷、铁、钠、钾、镁、氯等矿物质。其中维生素C的含量是等量柑橘中的5~6倍，蛋白质中氨基酸的含量也较为丰富。具有缓解肌肤干燥、预防心血管疾病、消食、解热等功效。

选购保存

优质的猕猴桃果形规则，多呈椭圆形，表面光滑无皱；果脐小而圆并且向内收缩；果皮呈均匀的黄褐色，富有光泽；果毛细而不易脱落；果子切开后果心翠绿。这样的猕猴桃尝起来酸甜可口。还未成熟的猕猴桃可以和苹果放在一起，有催熟作用。猕猴桃的保存时间不宜太长，冷藏也不宜太久。

♥ 温馨提示

猕猴桃中含有丰富的维生素A、维生素C和维生素E，能美丽肌肤，且具有抗氧化作用，能强化人体的免疫系统，促进伤口愈合。由于猕猴桃中含有一些人体不可缺少的重要物质，长期食用对保持人体健康、防病治病具有重要作用。

猕猴桃泥

原料

猕猴桃 200 克、枸杞子少许

做法

1. 将猕猴桃洗净去皮，切成小块备用。
2. 将猕猴桃放入果汁机中打成浆。
3. 浆液中加入少许温水，放入枸杞子后即可食用。

专家点评

本品能清肝明目、生津解渴、调中下气、利尿，适用于小儿眼睛干涩、暑热烦渴、小便不利等症。

橙汁猕猴桃汤

原料

猕猴桃 1 个、橙汁 25 毫升、白糖适量

做法

1. 猕猴桃去皮，切片，备用。
2. 锅中加水烧热，放白糖，煮至完全溶化。
3. 倒入橙汁，轻搅，再放猕猴桃，搅匀，煮沸后盛出即可。

专家点评

本品能健脾开胃、助消化、生津解暑、止渴利尿，适用于小儿食欲不振、消化不良、烦躁口渴等症。

杨梅

别名：龙睛、朱红、水杨梅
热量：115 千焦 /100 克
食量：3~10 个 / 日
性味：性温，味甘、酸

主要营养素

维生素 C、果酸

杨梅富含维生素 C，可增强毛细血管的通透性，还可降血脂。杨梅含有果酸，能开胃、消食、解暑，还有阻止体内的糖向脂肪转化的功能，有助于减肥，对宝宝的健康成长有益。

营养分析

杨梅含有丰富的膳食纤维、维生素和一定量的蛋白质、脂肪、果酸及 8 种对人体有益的氨基酸，还含有多种矿物质，其中钙、磷、铁的含量要高出其他水果 10 多倍，营养价值很高。此外，杨梅还含有抑菌成分，对大肠杆菌、痢疾杆菌等细菌有抑制作用。具有开胃消食、生津解渴的功效。

选购保存

挑杨梅时要选个头大、颜色呈深红色的、拿起来手感干爽的。鲜红色的杨梅其实没熟透，味道很酸；而颜色太深的杨梅是过熟了，拿起来会觉得湿湿的，不好吃。新鲜的杨梅闻起来有股香味；如果长期存放或存放不当则可能有一股淡淡的酒味，说明杨梅已发酵，不能购买。杨梅宜放冰箱冷藏，但时间不宜过长。

♥ 温馨提示

杨梅中含有一定的抗癌物质，对肿瘤细胞的生长有抑制作用。但多吃杨梅容易上火，所以患口腔溃疡、长疮的宝宝不宜多吃。

杨梅双仁汤

原料

鲜杨梅150克、核桃仁100克、杏仁50克、盐适量

做法

1. 将鲜杨梅洗净，去蒂。
2. 核桃仁和杏仁略冲洗。
3. 将以上所有原料放入砂锅中，加适量水，用大火煮开，再转小火续煮10分钟，加盐调味即可。

专家点评

本品能开胃消食、温补肺肾、润肺止咳、定喘、润肠，适用于小儿食欲不振、营养不良、肺虚咳嗽等症。

杨梅汁

原料

杨梅60克、白糖少许

做法

1. 将杨梅洗净取肉放入搅拌机中，加白糖和适量凉开水一起搅拌均匀。
2. 将拌好的汁倒入杯中即可。

专家点评

本品能健胃消食、生津解渴、增强人体的免疫力，适用于小儿食欲不振、消化不良、免疫力低下、体弱多病等症。

西瓜

别名：寒瓜、夏瓜
热量：103 千焦 /100 克
食量：100~400 克 / 日
性味：性寒，味甘

主要营养素

钾元素、糖类

西瓜中含有丰富的钾，具有降低血压的功效，能够在很大程度上降低心血管疾病的发病概率。因为西瓜的含糖量较高，并且易于被人体吸收，因而能够为人体提供大量的能量。

营养分析

西瓜中含有的水分较为充足，吃完西瓜后尿量会明显增加，这可以减少体内胆色素的含量，并可以保持大便通畅，防止便秘，对治疗黄疸也有一定的作用。西瓜具有消烦止渴、解除暑热、消水肿、通利小便、解酒毒等功效。

选购保存

挑选西瓜时，要看西瓜的皮色、瓜蒂和瓜脐。瓜形端正，瓜皮坚硬饱满，花纹清晰，表皮稍有凹凸不平的波浪纹；瓜蒂、瓜脐收得紧密，略为缩入，靠地面的瓜皮颜色变黄，是成熟的标志。另外，很多人选瓜时会用手拍打瓜身，听到“嘭嘭”的声音也是熟瓜，宜选购。未切开时放入冰箱可保存 5 天左右，切开后用保鲜膜裹住，放入冰箱可保存 3 天。

♥ 温馨提示

冰西瓜应少给孩子吃，容易引起脾胃损伤、胃寒。此外，西瓜不宜在饭前和饭后立刻食用，不利于营养的补充和吸收。

西瓜椰汁

原料

西瓜肉200克、椰汁150毫升、西瓜盅1个、白糖40克

做法

1. 将西瓜肉切成丁；在锅中加入椰汁拌匀。
2. 锅中倒入切好的西瓜丁，加白糖煮至溶化，将煮好的原料放入西瓜盅即可。

专家点评

本品能清热解暑、生津止渴、利尿消肿，适用于小儿暑热烦渴、烦躁不安、小便不利等症。

解暑西瓜汤

原料

西瓜250克、苹果100克、白糖5克、淀粉10克

做法

1. 将西瓜对半切开，取出西瓜肉，切成丁，一半西瓜皮当作碗备用。
2. 将苹果洗净，去皮切成丁。
3. 锅中加入适量清水，调入白糖烧沸，加入西瓜、苹果，用淀粉勾芡煮沸后一起倒入西瓜皮中即可。

专家点评

西瓜几乎不含胆固醇和脂肪，并具有清热利尿、泻火解毒、降脂降压的功效；苹果富含膳食纤维。本品适用于宝宝便秘、上火等症。

杧果

别名：庵罗果、檬果、蜜望子
热量：132 千焦 /100 克
食量：1~2 个 / 日
性味：性温，味甘、酸

主要营养素

杧果苷、维生素 A

杧果中含有杧果苷，具有祛痰止咳的功效，对咳嗽、痰多、气喘等症有辅助治疗作用。杧果含有维生素 A，其含量较大部分水果丰富，能明目，预防夜盲症。

营养分析

杧果含有葡萄糖、蛋白质、胡萝卜素、维生素 B_1、维生素 B_2、维生素 C、维生素 A、叶酸、酒石酸、杧果苷、柠檬酸、鞣质、槲皮素、钙、磷、铁等成分。其中维生素 C 的含量高于一般水果，常食杧果可以补充体内维生素 C，帮助降低胆固醇、甘油三酯，有利于防治心血管疾病。杧果具有理气健脾、明目、益胃、止呕、利尿、消炎等功效。

选购保存

挑选杧果时首先要闻，一般香味越浓表示杧果味道越好；看杧果表皮上的黑斑，黑斑少的是正常的，如果黑斑较多，说明果肉受到了一定的挤压，或尝起来不新鲜。成熟的杧果可以冷藏，保存 3~5 天不会坏掉。

♥ 温馨提示

杧果营养丰富，具有抗菌消炎的作用，而且还能通利小便。虽然杧果的营养价值很高，但不宜进食过量。注意，过敏的宝宝不宜食用杧果，否则会造成面部红肿、发炎，严重者会出现面部疼痛现象。

杧果布丁

原料

杧果果肉300克、鲜牛奶200毫升、胶冻粉25克、白糖10克

做法

1. 杧果果肉切粒，加鲜牛奶搅打成泥。
2. 锅中加水，加胶冻粉和白糖拌匀，再加杧果泥搅拌。
3. 将搅拌好的原料倒入布丁杯中，静置放凉后放入冰箱冷藏至冰凉成型即可食用。

专家点评

本品能理气、健脾、开胃，适用于小儿脾虚、食欲不振等症。

杧果凉糕

原料

糯米粉350克、杧果100克、白糖30克、红豆沙适量

做法

1. 将糯米粉加水、白糖揉好，上锅蒸熟后取出，待凉切块；杧果去皮，取肉切粒。
2. 在糯米粉块的中间夹一层红豆沙，放入蒸锅蒸5分钟即可。
3. 取出糯米糕待凉后，放上杧果粒食用即可。

专家点评

本品适用于小儿脾胃虚弱、营养不良、食欲不振、小便不利等症。

菠萝

别名：番梨、露兜子、凤梨
热量：169 千焦 /100 克
食量：100~400 克 / 日
性味：性平，味甘、微酸

主要营养素

蛋白酶、维生素 C

菠萝蛋白酶能有效分解食物中的蛋白质，帮助消化，并改善局部的血液循环，消除炎症和水肿。菠萝中维生素 C 的含量也较为丰富，具有很好的抗氧化能力，能增强人体的免疫力。

营养分析

菠萝营养丰富，含有果糖、葡萄糖、氨基酸、蛋白质、脂肪、维生素 A、维生素 B_1、维生素 B_2、维生素 C、蛋白酶及钙、镁、磷、钾、铁等营养素，尤其以维生素 C 含量最高。菠萝中所含的钾有利尿作用，对肾炎、高血压患者有益。具有清热解暑、生津止渴、利小便、健胃消食、消炎止泻的功效。

选购保存

优质菠萝的果实呈圆柱形或两头稍尖的椭圆形，大小均匀适中，果形端正；已成熟的菠萝表皮呈淡黄色或亮黄色，两端略带青绿色，顶端的冠芽呈青褐色；未削皮的菠萝可以置于室温下储存，削皮的应用保鲜膜包好，放入冰箱储存，但不宜超过 2 天。

♥ 温馨提示

对食积、消化不良等导致孩子食欲不振的情况，可以适当地给孩子吃一些菠萝，因为菠萝中所含的蛋白酶能加速食物的分解，促进胃肠蠕动，帮助消化。

菠萝鸡片

原料

鸡肉 300 克、菠萝 35 克、生抽 10 毫升、水淀粉 10 毫升、盐 3 克、鸡精 3 克、食用油适量

做法

1. 菠萝去皮，切片，用盐水浸泡 15 分钟；红椒洗净切圈；鸡肉洗净切片。
2. 油锅上火烧热，下鸡肉炒熟，再放菠萝炒熟。
3. 加盐、鸡精、生抽调匀，以水淀粉勾芡，撒上红椒圈装饰即可。

专家点评

本品能生津、消食、补虚损、补脾止泻、利尿、益气，适用于小儿脾虚食少、营养不良、小便不利等症。

菠萝鸡丁

原料

菠萝 300 克、鸡肉 100 克、鸡蛋液适量、酱油适量、黄瓜片适量、水淀粉适量、白糖适量、盐适量、料酒适量、食用油适量

做法

1. 菠萝切成两半，一半去皮，用淡盐水略浸泡，洗净后切丁；一半菠萝做成菠萝盅。
2. 鸡肉洗净切丁，加酱油、料酒、鸡蛋液、水淀粉、白糖、盐拌匀。
3. 锅中入食用油烧热，放鸡肉丁炒至八成熟时，放菠萝丁炒匀，盛入以黄瓜片围边的菠萝盅内即可。

专家点评

本品能生津止渴、开胃、利尿、补益虚损、增强体质。

山楂

别名：山里红、酸楂
热量：403千焦/100克
食量：5~15克/日
性味：性微温，味酸、甘

主要营养素

维生素C、维生素E

山楂中含有较多的维生素C和维生素E，是宝宝生长发育过程中必不可少的营养物质。这两种维生素不仅能提高免疫力，还能够促进铁被人体吸收，改善和预防小儿缺铁性贫血。

营养分析

山楂中含有酒石酸、柠檬酸、山楂酸、黄酮类化合物、内酯、多糖及皂苷等，能够促进胃酸分泌和胃部平滑肌收缩，促进消化。山楂中还含有脂肪酶，能够辅助胰腺分泌的胰脂肪酶共同消化脂类。在吃了很多油腻食物之后，吃几颗山楂，能够促进消化，防治疳积、食欲不振，食后腹胀的宝宝也应该吃些山楂。

选购保存

山楂以果大、肉厚、核小、皮红者为佳。果形圆、表面点多且粗糙、果肉白而软的口感较甜，果形扁、表面点少且光滑、果肉偏绿而质地较硬、水分多的较酸。山楂放在阴凉、通风处可保存较长时间，但营养价值随之下降，可以切片晒干长期保存。

♥温馨提示

孩子有偏食习惯，不爱吃蔬菜水果，爱吃肉类和油炸食品、冷饮，这样很容易损伤脾胃，造成疳积、消化不良等问题。可以用食山楂来改善，但山楂只消不补，长期多食会损伤正气，且对牙齿也不利。

莲子山楂糖水

原料

山楂150克、莲子100克、冰糖15克

做法

1. 山楂洗净，去蒂，对半切开去籽；莲子洗净去心。
2. 锅中倒入约800毫升清水，放入莲子，烧沸后再用小火煮约40分钟。
3. 倒入山楂，加盖煮15分钟左右，加入冰糖，轻搅片刻至冰糖完全溶化，盛出即可。

专家点评

本品可促进胃液分泌、帮助消化、增进食欲、健脾止泻。

山楂猪脊骨汤

原料

猪脊骨300克、山楂100克、黄精5克、清汤适量、姜片5克、盐3克、白糖4克

做法

1. 将山楂洗净去核，切片；猪脊骨洗净斩块，汆烫洗净备用。
2. 净锅上火倒入清汤，调入盐、姜片、黄精烧沸30分钟，再下入猪脊骨、山楂煲至熟，调入白糖搅匀即可。

专家点评

本品能开胃消食、增强体质、补充营养、健脾，适合宝宝食用。

火龙果

别名：仙蜜果、红龙果
热量：210千焦/100克
食量：1~2个/日
性味：性凉，味甘

主要营养素

花青素、白蛋白

火龙果中花青素含量较高，花青素具有抗氧化、抗自由基、抗衰老的作用。火龙果中还富含一般蔬果中较少有的植物性白蛋白，这种有活性的白蛋白会自动与人体内的重金属离子结合，能解毒。

营养分析

火龙果富含果肉纤维，含有丰富的胡萝卜素、B族维生素及维生素C等，果核内更含有丰富的钙、磷、铁等矿物质及各种酶、白蛋白、膳食纤维及天然色素花青素等营养成分。具有促进眼睛健康、增加骨质密度、帮助细胞膜生长、预防贫血、增加食欲、通利大便的功效。

选购保存

火龙果越重则汁越多、果肉也越丰满，所以火龙果越重越好；火龙果表面红色的地方越红越好，绿色的部分越绿越新鲜。火龙果是热带水果，最好现买现吃，在5~9℃的低温中，新鲜摘下的火龙果不经挤压碰撞，保存期可超过1个月。在室温状态下，保质期可超过2个星期。

♥ 温馨提示

火龙果是一种消费概念上的绿色、环保果品和具有一定疗效的保健营养食品。火龙果药用价值也较高。火龙果含有的维生素C，具有抗氧化、延缓衰老的作用。另外，其铁元素的含量也要高于一般的水果。

火龙果西米露

原料

西米 30 克、火龙果 15 克、冰糖 10 克

做法

1. 火龙果洗净，切开，果肉挖出；其他的部分制成火龙果盅。
2. 锅中加水烧沸，将西米倒入锅中搅匀，上盖小火煮 30 分钟。
3. 放冰糖、火龙果果肉，煮至冰糖完全溶化，盛入火龙果盅中即可。

专家点评

本品适用于小儿脾虚食少、营养不良、皮肤干燥、便秘等症。

火龙果葡萄泥

原料

火龙果 100 克、葡萄 100 克

做法

1. 火龙果洗净，去皮；葡萄洗净，剥皮后去籽。
2. 将火龙果放入碾磨器中磨成泥状，与葡萄一起放入碗中。
3. 取汤匙，碾碎葡萄，加入饮用水搅匀即可。

专家点评

本品能滋补肝肾、养血益气、强壮筋骨、生津除烦、润肠通便，适用于小儿烦躁不安、便秘、暑热烦渴等症。

甘蔗

别名： 薯蔗、糖蔗
热量： 264 千焦 /100 克
食量： 50~300 克 / 日
性味： 性凉，味甘

主要营养素

蔗糖、水

3-6 岁宝宝活动量较大，身体发育对热量的需求较高。甘蔗中含大量的糖类和水分，宝宝适量饮用甘蔗汁，能生津止渴、快速补充水分及热量，满足运动的消耗。

营养分析

甘蔗汁含有丰富的水分、蔗糖、果糖、葡萄糖、钙、磷、铁等营养成分。甘蔗汁中含天冬氨酸、丙氨酸、柠檬酸等多种氨基酸。茎节含有维生素 B_6，茎端含维生素 B_1、维生素 B_2。青皮甘蔗性凉，适合体质较燥热的宝宝食用。

选购保存

好的甘蔗一般茎秆粗硬光滑，端正而挺直，表皮呈紫黑色（还有其他颜色的甘蔗）且富有光泽，挂有白霜，无虫蛀孔洞，剥皮后纤维少、质地细，含水量大，颜色白。霉变的甘蔗剖开后，呈灰白色或浅黄色，其中可见粗细不一的红褐色条纹，有霉味或酒味，如误食，会中毒。

♥ 温馨提示

甘蔗汁口感甘甜，很受小朋友欢迎，且甘蔗有清热滋阴的作用，尤其适合口干舌燥、大便燥结、口腔有异味的孩子。但 3-6 岁宝宝的口腔黏膜较脆弱，且乳牙不够坚固，不宜嚼食甘蔗，脾胃虚寒、腹痛腹泻的孩子也不宜食用。

甘蔗粥

原料

大米 80 克、甘蔗汁 30 毫升、白糖 5 克

做法

1. 大米淘洗干净，再置于冷水中浸泡半小时后，捞出沥干。
2. 锅置火上，注入清水，放入大米，大火煮至米粒开花后，倒入甘蔗汁焖煮。
3. 用小火煮至粥成后，调入白糖入味即可食用。

专家点评

本品能和胃宽中，促进宝宝的食欲，提供充足的热量。

甘蔗马蹄葡萄干汤

原料

甘蔗 70 克、马蹄 60 克、葡萄干 30 克、白糖适量

做法

1. 马蹄去皮洗净，切小块；甘蔗去皮斩段。
2. 锅中注水，依次下甘蔗、马蹄、葡萄干，搅匀，煮沸后转小火煮约 15 分钟。
3. 加入适量白糖搅匀，煮至白糖完全溶化后盛入汤盅即可。

专家点评

本品能清热解毒、利尿、生津、消暑。

马蹄

别名：荸荠、地栗
热量：243千焦/100克
食量：3~10个/日
性味：性微凉，味甘

主要营养素

磷、碳水化合物

马蹄含较多碳水化合物，口感甘甜，能够供给宝宝生长和运动消耗的能量。马蹄中含有较多的磷，磷和钙都是骨骼和牙齿的重要构成成分，如果儿童缺少磷，则不利于钙的吸收，影响骨骼发育。

营养分析

马蹄富含蛋白质、脂肪、粗纤维、胡萝卜素、B族维生素、维生素C、铁、钙、磷和碳水化合物。马蹄的含磷量是根茎类蔬菜中最高的，能促进宝宝的生长发育，维持正常生理功能，对牙齿骨骼的发育有很大好处，同时可促进糖、脂肪、蛋白质三大营养物质的代谢，调节体内酸碱平衡，因此宝宝可以适量食用。

选购保存

选购马蹄时以个大、洁净、新鲜、皮薄、肉细、味甜、爽脆者为佳，其中以色泽紫红、顶芽较短的品质最好。从市场买回来的马蹄也可洗净表面的泥渣，然后直接放置于冰箱中冷藏保存。

♥ 温馨提示

马蹄能清热止渴、利湿、利尿，孩子夏天可吃些马蹄，既消暑又能提高食欲。因马蹄生长在泥中，易感染寄生虫病，所以一定要洗净去皮、充分煮熟后再给孩子吃。马蹄性微凉，不适合脾胃虚寒、腹泻的孩子食用。

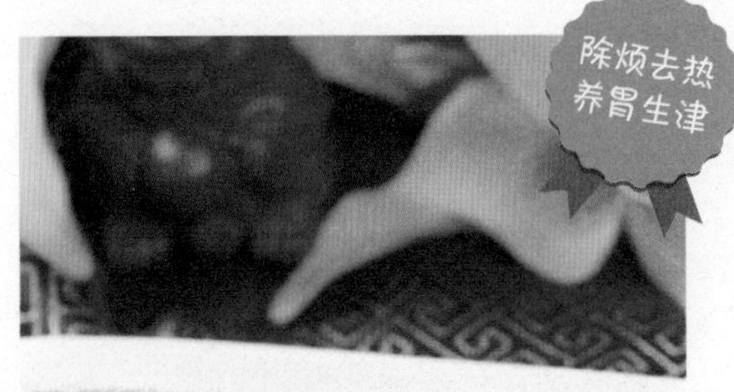

马蹄糕

原料

马蹄300克、马蹄粉250克、椰汁150毫升、三花淡奶50毫升、芝麻20克、白糖20克

做法

1. 马蹄洗净去皮后拍碎；将马蹄粉和水调成粉浆，分为两份。
2. 锅内加水，放白糖烧沸，加椰汁和三花淡奶，倒入粉浆，搅成糊。
3. 加马蹄搅匀，再加余下的粉浆搅匀，倒入盘内，大火蒸至熟，取出切块，沾上芝麻即可。

专家点评

本品适合胃热、便秘的儿童食用。

马蹄煲龙骨

原料

龙骨300克、马蹄100克、胡萝卜80克、姜片10克、葱末少许、盐适量、鸡精适量、高汤适量

做法

1. 胡萝卜洗净切滚刀；龙骨斩块，汆水；马蹄去皮洗净。
2. 将高汤倒入煲中，加入上述原料、姜片煲1小时，调入盐、鸡精，撒入葱末即可食用。

专家点评

本品适宜夏季给孩子食用，既能促进孩子身体和智力发育，又不会使其燥热。

红枣

别名：美枣、良枣、大枣
热量：1 088 千焦 /100 克
食量：5~10 颗 / 日
性味：性平，味甘

主要营养素

维生素 C、烟酸

红枣中含有大量的维生素 C 和烟酸。维生素 C 是人体必不可少的营养物质，烟酸能够防止维生素 C 被氧化破坏、增强其效果，还能降低血管脆性，可预防紫癜、视网膜出血等症。

营养分析

鲜枣含糖 20 % ~36 %，干枣含糖 55 % ~ 80%。红枣含有多种氨基酸、胡萝卜素、维生素 B_2、维生素 C、烟酸、铁、钙和磷等营养物质。儿童常吃红枣，有助于白细胞的生成，进而提高免疫力。红枣中富含钙和铁，有助于预防小儿缺铁性贫血，能益智健脑、增强食欲。

选购保存

红枣的大小因品种而不同，但优质红枣应呈紫红色，表皮没有破损，果形短壮圆整，饱满而均匀，皱纹少、痕迹浅，皮薄核小，肉质厚而细实、颜色均一。用手捏时手感有弹性不疏松，说明质细紧实，枣身干燥，核小。应放在阴凉、干燥处保存。

♥ 温馨提示

红枣中的维生素含量会随着储存时间的增加而消耗分解，所以应挑新鲜的吃。常吃红枣有助于提高孩子的免疫力，增强体质，尤其春夏季节是流行性感冒、手足口病等传染性疾病的高发期，应常常给孩子吃些红枣。但食积、腹胀的孩子不宜多吃。

冰糖红枣南瓜

原料

南瓜 200 克、红枣 100 克、冰糖适量

做法

1. 南瓜洗净去皮，切菱形块；红枣洗净。
2. 锅中注入适量清水，放入南瓜、红枣、冰糖，大火烧沸后转中火，煮至冰糖完全溶化，关火。
3. 南瓜和红枣捞出摆盘，淋入糖水即可。

专家点评

南瓜中含有丰富的淀粉、维生素等营养，配合红枣，能温补脾胃、益气养血。

糯米红枣

原料

红枣 200 克、糯米粉 100 克、白糖 30 克

做法

1. 红枣泡好，去核；糯米粉加水搓成团，放入红枣中，装盘。
2. 白糖泡水，倒入红枣中，再将整盘放入蒸笼蒸 10 分钟即可。

专家点评

糯米粉和红枣含较多的蛋白质、碳水化合物、维生素等成分，同煮既能增进食欲又能补充营养、健脾养胃。

松子

别名： 海松子、红果松
热量： 2 183 千焦 /100 克
食量： 约 20 克 / 日
性味： 性温，味甘

主要营养素

不饱和脂肪酸、锌

松子中含有多种不饱和脂肪酸，如亚麻酸、亚油酸等，是人体细胞的基本组成成分，也是3-6 岁宝宝大脑、神经系统和身体发育必需的营养元素。锌在宝宝的生长发育过程中起重大作用。

营养分析

松子富含蛋白质、脂肪、维生素 A、维生素 E、不饱和脂肪酸、钙、铁、锌、钾等营养物质，能给人体提供丰富的营养，促进宝宝各系统和器官的发育。谷氨酸、锰、磷的含量也很丰富，这些物质都有益于宝宝大脑和神经系统的发育，还可促进骨骼的生长发育，维持正常的糖和脂肪代谢。

选购保存

优质松子的外壳呈浅褐色、干燥有光泽，果仁肉质洁白或淡黄，芽心呈白色。松子容易受潮而走油变质，应该保持干燥、密封保存于阴凉处，或放于冰箱冷藏保存。

♥ 温馨提示

松子具有润肠通便、扶正补虚的功效，并且不会伤正气，因此适合津亏便秘的宝宝食用。脾胃虚弱、经常便溏、腹泻的孩子不宜多吃松子，因为松子含有大量的油脂，有一定的润肠效果，会加重腹泻。

松仁烧香菇

原料

松仁150克、水发香菇100克、高汤适量、青豆适量、胡萝卜丁适量、盐适量、酱油适量、姜汁适量、香油适量、淀粉适量、食用油适量

做法

1. 水发香菇洗净切丝，焯水；松仁洗净，沥干，入油锅稍炒。
2. 放水发香菇、青豆、胡萝卜丁、盐、酱油、姜汁、高汤烧至入味。
3. 以淀粉勾芡，淋入香油即可。

专家点评

本品补益气血、润燥滑肠，可以提高宝宝免疫力。

松仁鸡肉

原料

鸡脯肉200克、松仁60克、白糖少许、香油少许、酱油少许、食用油适量

做法

1. 鸡脯肉洗净切块，加酱油腌渍入味；松仁洗净，捞出沥干。
2. 锅中倒入食用油，烧至七成热，倒入鸡脯肉、松仁炒熟，盛入碗中。
3. 净锅烧热，将香油、酱油、白糖用小火调成味汁，淋入碗内即可。

专家点评

本品含优质蛋白质、磷、钙、不饱和脂肪酸等成分，磷是构成骨骼和牙齿的主要元素。本品有增强体质、润肠通便、补充营养的功效。

核桃

别名：胡桃
热量：2 694 千焦 /100 克
食量：10~30 克 / 日
性味：性温，味甘

主要营养素

不饱和脂肪酸、维生素 E

核桃含多种不饱和脂肪酸，如亚麻酸、亚油酸等，是 3-6 岁宝宝大脑、神经系统和体格发育必需的营养物质。维生素 E 作为重要的抗氧化物，能够减少自由基对细胞的损伤。

营养分析

核桃含有较多的脂肪，但以不饱和脂肪酸为主，且不含胆固醇，蛋白质亦为优质蛋白质，是身体发育较好的营养物质。核桃还富含钙、磷、铁、锌、胡萝卜素、维生素 B_2、维生素 B_6、维生素 E、磷脂等营养物质，以及胡桃叶醌、鞣质等生物活性物质。

选购保存

挑选核桃时，应选个大、外形圆整、干燥、壳薄、色泽白净、表面光洁、壳纹浅而少者。带壳核桃风干后较易保存，核桃仁要用有盖的容器密封装好，然后放在阴凉、干燥处存放。

♥ 温馨提示

核桃可以比较全面地提供宝宝所需要的多种营养物质，所以宝宝常吃核桃，有助于促进智力和免疫系统发育。核桃对 3-6 岁宝宝非常有益，但也不宜多吃，每天 10~30 克即可。核桃虽好，但腹泻、阴虚火旺、痰湿较重的孩子不宜常吃，否则会加重燥热的症状。

核桃仁水果粥

原料

燕麦片 100 克、苹果 50 克、猕猴桃 50 克、菠萝片 50 克、核桃仁 20 克

做法

1. 苹果洗净，去核切块；猕猴桃洗净去皮切片；核桃仁砸碎。
2. 燕麦片倒入碗中，加 200 毫升开水泡 3 分钟。
3. 碗中加入核桃仁、苹果块、猕猴桃片及菠萝片，拌匀即可。

专家点评

本品易增强宝宝食欲，能提高人体免疫力、促进消化。

芥蓝炒核桃仁

原料

芥蓝 150 克、核桃仁 100 克、酱油 5 毫升、盐 3 克、食用油适量、

做法

1. 取芥蓝梗部洗净，再削去老皮，切段备用；核桃仁洗净。
2. 锅中加水烧沸，下入芥蓝焯水至七成熟时，捞出。
3. 油锅烧热，下核桃仁炒香后，再加入芥蓝一起翻炒至熟，加酱油和盐调味即可。

专家点评

核桃能健胃、补肾、润肺、健脑、通便，小朋友常食有改善便秘、增强记忆力的作用。

花生

别名：长生果、长寿果、落花生
热量：2 410 千焦 /100 克
食量：80~100 克 / 日
性味：性平，味甘

主要营养素

锌、维生素 K

锌在宝宝的生长发育过程中起重大作用，包括促进维生素 A 的利用与代谢、促进智力与身体发育等。维生素 K 是促进血液凝固和宝宝骨骼发育的重要维生素，部分由肠道细菌生产，部分从食物中摄取。

营养分析

花生中蛋白质、氨基酸的组成比较符合人体需求，必需氨基酸比例大，能加速伤口愈合、促进生长激素的分泌和神经系统发育。其中谷氨酸和天冬氨酸可促进细胞发育、增强记忆力，赖氨酸也可促进宝宝智力发育。

选购保存

选购花生时，以颗粒饱满、形态完整、大小均匀、肥厚而有光泽、无杂质者为好。保存花生，应将其晒干后放在低温、干燥的地方。

♥ 温馨提示

缺锌可导致厌食、偏食、反复发作的口腔溃疡、免疫力低下、身材矮小、智力发育落后等，而花生含有一定量的锌，能增强宝宝的记忆力、促进免疫系统发育。花生是高蛋白的食物，适合代谢旺盛、活动量大的宝宝食用。但患有消化系统疾病，如痢疾、急性胃肠炎等疾病的宝宝则不宜食用，否则会加重胃肠负担、腹泻。

花生豆花

原料

黄豆 300 克、花生仁 100 克、豆花粉 80 克、白糖 50 克、麦芽糖 30 克

做法

1. 白糖、麦芽糖加水煮开，搅拌至变稠，制成糖水；花生仁煮软；泡软的黄豆打成豆浆。
2. 另起锅，倒入豆花粉、冷开水拌匀，冲入热豆浆，上盖静置 10 分钟，凝成豆花。
3. 放凉后将豆花舀入碗中，放适量花生仁，加入糖水即可。

专家点评

本品能促进宝宝的大脑发育、健脾益气、促进消化、利尿。

花生糖

原料

花生仁 100 克、红糖 50 克

做法

1. 将花生仁洗净，放入锅中，用小火干炒至熟捞出。
2. 锅中加入红糖，炒成糖稀状，下入花生仁拌匀。
3. 将拌匀的花生仁装入四方容器中，待冷却后切成条或块即可。

专家点评

本品具有健脑益智、清热润肺的功效。

板栗

别名：毛栗、瑰栗、凤栗、栗子
热量：1417 千焦 /100 克
食量：3~10 个 / 日
性味：性温，味甘

主要营养素

维生素 C、碳水化合物

维生素 C 参与人体胶原蛋白的合成，胶原蛋白是细胞间质的关键成分及骨骼、血管和韧带等的重要构成成分。板栗中碳水化合物含量很高，能够补充宝宝的活动消耗和成长需要。

营养分析

板栗有健脾、益气、补肾的作用。板栗含有大量的碳水化合物，能供给宝宝较多的热量，为新陈代谢与组织器官发育提供能量。板栗含有较多的维生素 B_2，常吃有助于预防小儿口腔溃疡。板栗含有丰富的维生素 C，有助于维持牙齿、骨骼、血管、肌肉的正常功能，增强宝宝的免疫力。维生素 C 还参与还原三价铁，使之变成易于吸收利用的二价铁，预防小儿缺铁性贫血。

选购保存

新鲜优质的板栗表皮颜色深、有光泽，没有虫眼和裂痕，手捏感觉结实，有较多的绒毛。生板栗装入保鲜袋，置于冰箱冷藏可保存 1 星期左右，冷冻可保存较长时间。

♥ 温馨提示

板栗营养价值虽高，但不易消化。3-6 岁宝宝的消化系统发育还不完善，所以不能一次吃太多板栗，尤其是脾胃不和、食后腹胀、便秘的宝宝，应少吃板栗。

板栗排骨汤

原料

猪排骨200克、鲜板栗150克、胡萝卜1根、盐3克、鸡精3克

做法

1. 鲜板栗煮熟，捞起剥皮；猪排骨剁块，入沸水中汆烫，洗净；胡萝卜削皮，洗净切块。
2. 以上原料放入锅中，加水盖过原料，大火煮开，转小火续煮30分钟。
3. 最后加盐、鸡精调味即可。

专家点评

板栗含有较多的B族维生素和多种矿物质，能促进大脑发育，增强免疫力。

板栗红烧肉

原料

五花肉300克、板栗250克、酱油适量、盐适量、葱段适量、姜片适量、食用油适量

做法

1. 五花肉洗净切块，汆烫后捞出沥干；板栗煮熟，去壳取肉。
2. 油锅烧热，投入姜片、葱段爆香，放肉块煸炒，再加入酱油、盐、清水烧沸。
3. 撇去浮沫，炖至肉块酥烂，倒入板栗，待汤汁浓稠、板栗熟透，装盘即可。

专家点评

本品可促进宝宝食欲、补益肾气、增强体质。

猪瘦肉

别名：猪精肉
热量：804 千焦 /100 克
食量：80~100 克 / 日
性味：性平，味甘、咸

主要营养素

蛋白质、铁

蛋白质在人的生命活动中起非常关键的作用。铁则是血红蛋白重要的组成成分。3-6 岁宝宝处在生长发育阶段，对蛋白质和铁的需求都很大，所以应该每日吃适量的猪瘦肉以补充身体所需。

营养分析

猪肉作为消耗量最大的畜肉，其瘦肉部分性味甘平、易于消化，比较适合 3-6 岁宝宝食用。其中含有丰富的优质蛋白质、脂肪和 B 族维生素、血红素铁、磷、锌、硒等营养素。锌作为参与宝宝智力发育的重要微量元素，是必不可少的。锌在猪瘦肉中含量较高，而且猪瘦肉中蛋白质水解后的氨基酸还能促进锌的吸收与利用，所以 3-6 岁宝宝应适当吃些猪瘦肉，以补充锌。

选购保存

新鲜的猪瘦肉，肌肉有光泽、呈淡红或鲜红、颜色均匀，用手指按压感觉有弹性、不粘手，凹陷部分能立即恢复。买回的猪瘦肉可用水洗净，切成小块装入保鲜袋，再放入冰箱冷冻保存。

♥ 温馨提示

中医认为猪肥肉性滋腻，易助痰生湿，所以体形肥胖的孩子应少吃猪肥肉。

炒猪瘦肉

原料

猪瘦肉300克、菠萝适量、黄瓜适量、胡萝卜适量、盐少许、酱油少许、醋少许、柠檬汁少许、食用油适量

做法

1. 猪瘦肉洗净切块；菠萝取肉，切块；黄瓜、胡萝卜均洗净，切块。
2. 油锅烧热，放猪瘦肉炒香，再倒入除调味料之外的剩余原料翻炒至熟。
3. 加盐、酱油、醋、柠檬汁炒匀。

专家点评

本品可增进宝宝的食欲。

白菜肉丝汤

原料

白菜300克、猪瘦肉100克、青椒30克、红甜椒30克、盐3克、鸡精4克、水淀粉适量、食用油适量

做法

1. 白菜洗净切瓣，焯熟沥干；猪瘦肉洗净切丝；青椒、红甜椒洗净切丝。
2. 锅中倒入食用油烧热，下肉丝翻炒，加青椒、红甜椒翻炒。
3. 加水煮开，再加白菜，加盐、鸡精调味，入水淀粉勾芡，起锅装盘。

专家点评

本品有通利胃肠、清热解毒、预防便秘的作用，可补充膳食纤维、蛋白质、铁等。

猪肝

别名：血肝
热量：531千焦/100克
食量：约50克/日
性味：性温，味甘、苦

主要营养素

蛋白质、铁

宝宝从食物中摄取足够的铁，才能维持血红蛋白的携带、运输氧气的功能。3-6岁宝宝处在生长发育阶段，对于蛋白质和铁的需求量都很大，所以应该经常吃适量的猪肝补充所需，才能健康成长。

营养分析

猪肝含有蛋白质、脂肪、维生素A、维生素E、维生素B_1、维生素B_2、维生素B_{12}、维生素C、烟酸、铁等。猪肝是宝宝补充铁元素、预防贫血的重要食物之一，其中的铁以血红素铁的形式存在，在消化吸收过程中不受植酸等因素的阻碍，可以直接被肠道吸收，而人体对植物性食物中的铁的吸收率较低。而且猪肝还富含脂溶性维生素，如维生素A、维生素E，有利于保护宝宝的眼睛和视神经。

选购保存

新鲜猪肝颜色呈褐色或紫色，颜色均匀有光泽，其表面或切面没有水泡，有弹性，没有硬结。如果猪肝的颜色暗淡，没有光泽，其表面起皱、萎缩，闻起来有异味，则是不新鲜的。

♥温馨提示

轻度缺铁性贫血或皮肤干燥、夜间视力较差的孩子应该常吃猪肝。有人觉得肝脏是代谢解毒的器官，不敢食用，这种观点属于误解，只要挑选新鲜的猪肝，并充分清洗，其中的代谢毒物含量会大大降低。

菠菜猪肝汤

原料

猪肝 200 克、菠菜适量、高汤适量、淀粉 5 克、盐 3 克

做法

1. 菠菜去根洗净，切小段，入沸水汆烫后备用；猪肝洗净切片，加淀粉拌匀。
2. 锅内加适量高汤煮沸，将猪肝加入汤中。
3. 转大火，并下菠菜，等汤再次煮沸，加盐调味即可。

专家点评

本品能很好地保存原料中的维生素 C 和维生素 K，对预防贫血有一定作用。

猪肝肉泥

原料

豆腐 100 克、猪肝 50 克、猪瘦肉 50 克、酱油少许、盐少许、白糖少许、淀粉少许、花生油少许、葱花适量

做法

1. 豆腐焯水，搓成蓉状；猪肝处理干净剁碎；猪瘦肉洗净后剁碎。
2. 将葱花除外的所有原料混匀。
3. 上蒸锅蒸熟后，撒上葱花即可食用。

专家点评

本品富含优质蛋白质、钙和铁，有清热润燥、补铁补血、养肝明目的作用，对孩子的身体发育有益。

猪血

别名：液体肉、血豆腐、血花
热量：226千焦/100克
食量：约50克/日
性味：性平，味咸

主要营养素

铁、铜

猪血含铁量很高，而且所含的铁容易被人体吸收利用。铜是维持宝宝健康必不可少的微量元素，铜还参与铁元素的吸收与利用过程，所以吃猪血是改善贫血的好方法。

营养分析

猪血含有丰富的蛋白质、铁、锌、铜等营养物质，而脂肪、碳水化合物的含量很低。猪血含有维生素K，能促使血液凝固，因此有止血作用。猪血还能为人体提供多种微量元素，可以防治缺铁性贫血。因猪血低热量的特点，也很适合单纯性肥胖或需要控制热量摄入的宝宝。

选购保存

猪血一般呈暗红色，较硬、易碎。切开猪血块后，切面粗糙，有不规则小孔，有淡淡腥味。假猪血质地较柔韧，不易碎，颜色鲜艳，切面光滑平整、没有气孔。猪血易变质，买回来应及时放入冰箱冷藏保存，尽快吃完。

♥ 温馨提示

食用猪血以每周1~2次为宜。为增加猪血中铁的吸收率，可搭配富含维生素C的蔬菜，如甜椒、西红柿等一起烹调，或者餐后半小时吃富含维生素C的水果，如猕猴桃。

韭菜猪血

原料

猪血150克、韭菜100克、高汤200毫升、红甜椒1个、蒜10克、姜片5克、盐适量、鸡精适量、食用油适量

做法

1. 猪血切块，汆水；韭菜洗净切段；蒜去皮切片；红甜椒洗净切块。
2. 油锅烧热，爆香蒜、姜片、红甜椒，加入猪血、高汤及调味料煮至入味。
3. 加入韭菜稍煮即可。

专家点评

本品有增进食欲、促进消化、通利胃肠、补铁的效果。

猪血豆腐汤

原料

豆腐100克、猪血100克、豆苗30克、葱2克、姜2克、盐3克、鸡精1克、食用油适量

做法

1. 将豆腐、猪血洗净切块；豆苗洗净沥干备用。
2. 净锅上火倒入食用油，将葱、姜爆香，倒入水，再倒入豆腐、猪血、豆苗。
3. 煲至熟透，加盐、鸡精调味即可。

专家点评

本品易咀嚼、消化，常食可增强免疫力，尤其适合便秘、烦躁、贫血、食欲下降的宝宝食用。

牛肉

别名：黄牛肉
热量：515 千焦 /100 克
食量：80~100 克 / 日
性味：性平，味甘

主要营养素

维生素 B_1

维生素 B_1 是维持体内糖代谢和神经系统活动的必需营养物质，宝宝每天适量食用牛肉，可以补充维生素 B_1，维持正常的糖代谢及神经系统活动。

营养分析

牛肉中的氨基酸组成比猪肉更接近人体需要，能健脾养胃、提高人体抵抗力。牛肉还含有丰富的 B 族维生素、钙、铁、磷等。3-6 岁宝宝生长发育迅速，且新陈代谢快、运动量较大，对于热量和维持身体生长发育需要的营养物质的需求量都很大，所以应该每天保证禽畜肉类的摄取量，适当吃一些牛肉。

选购保存

新鲜的牛肉有光泽，红色均匀，脂肪洁白或呈现淡黄色；外表微干或有风干膜，不粘手，弹性好。保存牛肉，应将其清洗干净，切成块状，再放入冰箱冷冻，这样可以保存较长时间。

♥ 温馨提示

3-6 岁宝宝每天应食用 80~100 克的禽畜肉，牛肉就是很好的选择，但牛肉纤维较粗，不易咀嚼，应该切成薄片或制成肉馅、肉丸，再烹调给孩子食用。如不慎买到老牛肉，可急冻一下再冷藏 1~2 天，肉质可稍变嫩。

甜菜牛肉饼

原料

牛肉50克、甜菜根40克、面粉适量、盐少许、白糖少许、酱油少许、食用油适量

做法

1. 甜菜根洗净切片，用模具切除中心，用盐腌渍；牛肉洗净剁碎，加盐、白糖、酱油腌渍。
2. 面粉调匀，涂在甜菜根中间，再用牛肉填实。
3. 平底锅烧热，倒入食用油，下入甜菜根煎熟即可。

专家点评

本品能激发宝宝的食欲、增强体力、提高免疫力、促进消化。

小白菜拌牛肉末

原料

小白菜160克、牛肉100克、高汤100毫升、盐少许、番茄酱15克、水淀粉适量、食用油适量

做法

1. 小白菜洗净，切成段；牛肉洗净，剁成肉末。
2. 锅中注水烧开，加少许食用油、盐，放入小白菜焯煮至熟透，捞出，沥干。
3. 用油起锅，倒入牛肉末炒匀，倒入高汤，加入番茄酱、盐拌匀，以水淀粉勾芡搅匀。
4. 将小白菜放入盘中，浇上牛肉末即可。

专家点评

本品具有开胃、增强抵抗力的功效，适合食欲不振的宝宝食用。

鸡肉

别名：家鸡肉
热量：688千焦/100克
食量：约50克/日
性味：性平、微温，味甘

主要营养素

磷、钙

适量摄入磷，对于宝宝的生长发育和能量代谢都是非常必要的。钙存在于人体的所有细胞中，是构成骨骼、牙齿等结构的必要物质，适量的钙对维持神经、肌肉的正常功能很重要。

营养分析

鸡胸肉、鸡腿肉中脂肪含量较低，富含蛋白质、钙、磷、铁、镁、钾、钠、维生素A、维生素B_1和维生素B_2等，且口感细腻、易于消化，很适合咀嚼、消化功能较差的3-6岁宝宝，可以为其各系统器官发育、身高增长和恒牙的发育、疾病状态的恢复提供营养。鸡肉中的脂肪主要存在于鸡皮中，其中含有较多的饱和脂肪酸，3-6岁宝宝食用鸡肉应尽量去皮。

选购保存

新鲜的鸡肉肉质紧密，颜色呈干净的粉红色且有光泽，鸡皮呈米色，有光泽、弹性好，毛囊突出。鸡肉较容易变质，购买后要尽快放入冰箱冷藏，冷冻可保存较长时间。

♥ 温馨提示

鸡皮可以保持鸡肉中的水分和营养不在烹饪过程中流失，并使肉质软嫩鲜美，但为了减少饱和脂肪酸的摄入，鸡肉烹调后应剥去皮再给孩子食用。

鸡肉玉米粒

原料

鸡胸肉300克、西红柿少许、芹菜丁少许、玉米粒少许、青椒少许、番茄酱适量、盐适量、高汤适量、食用油适量

做法

1. 鸡胸肉洗净切丁；西红柿洗净切块；青椒洗净切花。
2. 锅上火，放食用油烧热，下鸡胸肉炒香，放西红柿、芹菜丁、玉米粒、青椒，大火快速炒匀。
3. 加番茄酱、盐调味，入高汤焖至入味即可。

专家点评

本品可健脾开胃、促进消化，改善宝宝食欲不振、食后腹胀、消化不良等情况。

夏威夷鸡肉串

原料

鸡肉200克、青椒适量、红甜椒适量、菠萝肉适量、盐少许、沙拉酱少许

做法

1. 鸡肉洗净切片，抹上盐腌渍入味；青椒、红甜椒均去籽，洗净切片；菠萝肉洗净，切薄片。
2. 竹签消毒，将所有食材串起，放入烤箱以150℃烘烤15分钟，取出。
3. 食用时抹上沙拉酱即可。

专家点评

本品富含蛋白质和多种维生素，且颜色鲜艳，味道酸甜，能促进食欲、帮助消化，很受宝宝喜爱。

鸡肝

别名： 无
热量： 498 千焦 /100 克
食量： 约 50 克 / 日
性味： 性微温，味甘、苦、咸

主要营养素

维生素 B_2

维生素 B_2 参与人体内的氧化与能量代谢，可提高人体对蛋白质的利用率，促进生长发育，维护皮肤和细胞膜的完整性，具有保护皮肤黏膜及皮脂腺的功能，并可促进铁和蛋白质的吸收。

营养分析

鸡肝有补血、养肝、益气的作用，含有丰富的蛋白质、钙、磷、铁、锌、维生素 A 和 B 族维生素等营养成分。鸡肝中维生素 A 的含量高于猪肝，宝宝经常吃些鸡肝，能维持正常视力，防止眼睛干涩、疲劳，还有助于保护皮肤，维持皮肤和黏膜组织的屏障功能，提高免疫力。

选购保存

新鲜的鸡肝外形完整，呈暗红色或褐色，颜色均匀有光泽，质地有弹性，有淡淡的血腥味，无腥臭等异味。不新鲜的鸡肝颜色暗淡、无光泽，表面皱缩，手捏松软、无弹性，有异味。因为鸡肝很容易变质，应尽量在有保鲜柜的正规超市或柜台购买，并尽快食用。

♥ 温馨提示

鸡肝与富含维生素 C 的食物一起烹饪，能促进人体对鸡肝中铁的吸收利用，更好地起到补充铁质的作用。

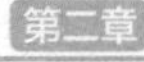

无花果煎鸡肝

原料

鸡肝 3 副、无花果干 3 粒、白糖适量、食用油适量

做法

1. 鸡肝洗净，入沸水中汆烫，捞出沥干；无花果干切小片。
2. 平底锅加热，加适量食用油，将鸡肝、无花果干放进去一起煎。
3. 白糖加小半碗水煮至溶化，待鸡肝煎熟盛出，淋上糖液调味。

专家点评

鸡肝含铁丰富，且较易被人体消化吸收，是 3-6 岁宝宝补铁的主要食材。

鸡肝粥

原料

鸡肝 100 克、大米 50 克、姜末适量、葱 1 棵、香油 12 毫升、酱油 10 毫升、盐 3 克

做法

1. 大米洗净；葱洗净切葱花；鸡肝洗净切小丁。
2. 鸡肝入碗，加姜末、酱油拌匀，腌渍 15 分钟。
3. 大米入锅，加水煮至软烂，再加入鸡肝煮熟，最后加盐调味，撒上葱花，淋上香油即可。

专家点评

本品易于咀嚼吞咽，适合视疲劳、食欲不振、贫血、消化不良的宝宝食用。

鲫鱼

别名：鲋鱼
热量：445 千焦 /100 克
食量：60~80 克 / 日
性味：性平，味甘

主要营养素

锰

锰可以促进骨骼的正常发育，维持脑和神经系统功能，维持糖和脂肪的代谢，并改善造血功能。3-6 岁宝宝每天应摄取 1.5~2 毫克的锰，鲫鱼中的锰含量虽然不高，但人体对其吸收率较高。

营养分析

鲫鱼可以调理中焦、补益五脏，富含优质蛋白质、不饱和脂肪酸、维生素 A、维生素 B_1、维生素 B_2、维生素 B_{12} 和烟酸、钙、磷、铁等成分。其蛋白质符合人体对氨基酸的需求，对于脾胃虚弱、食欲不振、消化不良的 3-6 岁宝宝来说，是很好的补益食物。鲫鱼肉嫩味鲜，尤其适合做粥和汤，鲫鱼汤不仅味香汤鲜，而且具有较强的滋补功效，非常适合食欲不佳的宝宝。

选购保存

新鲜鲫鱼眼睛略凸，眼球黑白分明，不新鲜的则是眼睛凹陷，眼球混浊。身体扁平、色泽偏白的，肉质比较鲜嫩。应尽量挑选鲜活的鲫鱼，宰杀后尽快烹调，因为鱼死亡后会产生组织胺，具有毒性，时间越长产生量越大。

♥ 温馨提示

鲫鱼营养丰富，但刺较多，应注意烹调方法和孩子食用时的安全。鲫鱼的补虚效果很好，特别适合脾胃虚弱、少食乏力、呕吐或腹泻、小便不利的 3-6 岁宝宝。

鲫鱼炖蛋

原料

鲫鱼 1 条、鸡蛋 4 个、樱花虾适量、葱段 2 克、盐 3 克、鸡精 2 克、鸡汤适量、葱花适量、姜片适量

做法

1. 鲫鱼处理干净，用少许葱段、姜片、盐腌渍 10 分钟，汆水。
2. 鸡蛋打散，放葱花、鸡精、樱花虾、鸡汤搅匀。
3. 放入鲫鱼，入锅蒸熟即可。

专家点评

本品可补益脾胃，对于宝宝的生长发育有很好的促进作用。食用时，注意挑去鱼刺。

西红柿煮鲫鱼

原料

鲫鱼 350 克、西红柿 80 克、姜片 2 克、香菜少许、盐少许

做法

1. 鲫鱼处理干净，在两侧切上花刀；西红柿洗净，切片待用。
2. 净锅上火，倒入水，调入盐、姜片。
3. 下入鲫鱼、西红柿煮至熟，用西红柿垫盘，放上鲫鱼，撒上香菜即可。

专家点评

本品营养丰富，口味酸甜，容易提高孩子的食欲，补充营养。

鳜鱼

别名：鳌花鱼
热量：482 千焦 /100 克
食量：80~100 克 / 日
性味：性平，味甘

主要营养素

烟酸、维生素 B_2

烟酸是人体必需的 13 种维生素之一，属于水溶性维生素，需要每天从食物中摄取。烟酸参与体内脂质代谢、组织呼吸的氧化过程和糖类无氧分解的过程。维生素 B_2 有助于预防口角炎、皮炎。

营养分析

鳜鱼含有丰富的蛋白质、脂肪、烟酸、维生素 A、维生素 B_2、维生素 E、钙、钾、镁、硒等营养素，其必需氨基酸占氨基酸总量的 35% 左右，营养价值极高。而且鳜鱼肉质细嫩，极易被消化，热量不高，富含抗氧化成分，对 3-6 岁宝宝、患者及体弱、脾胃消化功能不佳的人来说，吃鳜鱼既能补虚，又不必担心消化困难。

选购保存

新鲜的鳜鱼眼球突出，角膜透明，鱼鳃色泽鲜红，鳃丝清晰，鳞片完整有光泽、不易脱落，鱼肉坚实、有弹性。应尽量挑选鲜活的鳜鱼，宰杀后尽快烹调，因为鱼死亡后会产生组织胺，具有毒性，时间越长产生量越大。

♥ 温馨提示

鳜鱼的脊鳍和臀鳍有尖刺，有毒腺组织，人被刺伤后易出现肿痛、发热、畏寒等症状，所以购买、处理鳜鱼时要特别注意不要刺伤自己和孩子，烹调菜肴前要剁掉。鳜鱼肉质细嫩，为了保存营养，应尽量选择清蒸的方式烹调。

特色蒸鳜鱼

原料

鳜鱼 250 克、红甜椒 100 克、香菇 25 克、葱花 10 克、盐 3 克、鸡精 3 克、生抽 2 毫升

做法

1. 鳜鱼处理干净，切连刀块；香菇、红甜椒洗净切片。
2. 将香菇片、红甜椒片间隔地放入鳜鱼肉内。
3. 在鳜鱼身上抹上盐、鸡精，上锅蒸熟后，撒上葱花，淋上生抽即可。

专家点评

蒸制的鳜鱼味道鲜美、口感细嫩，最大程度地保留了营养，是促进宝宝发育、补充营养的佳肴。

醋香鳜鱼

原料

鳜鱼 1 条、西蓝花 150 克、盐适量、醋适量、生抽适量、鸡蛋清适量

做法

1. 将鳜鱼处理干净，去主刺，肉切片，留头、尾摆盘；西蓝花洗净掰小朵，焯熟摆盘；醋、生抽调成味汁。
2. 鳜鱼肉用盐稍腌，以鸡蛋清抹匀，连头、尾一同放入蒸锅蒸 8 分钟取出。
3. 出锅淋上味汁即可。

专家点评

本品可给孩子提供丰富营养，促进生长发育。

青鱼

别名：螺蛳鱼、乌青鱼、青根鱼
热量：486 千焦 /100 克
食量：80~100 克 / 日
性味：性平，味甘

主要营养素

硒

硒元素是人体必需的微量元素，人体不能贮存硒，需要不断从饮食中摄取。硒浓度的平衡对许多器官、组织的生理功能有着重要的保护作用和促进作用。

营养分析

中医认为，青鱼具有益气、补虚、健脾、养胃、化湿、祛风、利水等功效。青鱼肉质肥嫩，味鲜腴美，冬季时最为肥壮，富含维生素 B_1、维生素 B_2、蛋白质、脂肪、钙、磷、铁、锌、硒等，有促进宝宝各系统器官发育、增强免疫力、促进大脑神经系统发育、提高记忆力等作用。

选购保存

鳃盖紧闭，不易打开，鳃片鲜红，鳃丝清晰，表明鱼新鲜。新鲜的鱼眼球饱满凸出，角膜透明，眼面发亮。用打湿的纸贴在鱼的眼睛上，可以使鱼存活 3~5 小时。将青鱼洗净，放入冰箱冷冻，可保存较长时间。

♥ 温馨提示

青鱼胆中含有的胆汁毒素能损害人体肝、肾，使其变性坏死，也可损伤人的脑细胞和心肌，造成神经系统和心血管系统的病变，因此宰杀处理青鱼时应特别小心。

西芹炒青鱼

原料

青鱼肉300克、西芹50克、黄甜椒50克、红甜椒50克、盐3克、料酒适量、淀粉适量、鸡蛋清适量、姜末适量、蒜末适量、蚝油适量、鸡精适量、食用油适量

做法

1. 青鱼肉洗净切条，用盐、料酒、鸡蛋清、淀粉腌好；红甜椒、黄甜椒、西芹洗净切条。
2. 起油锅，下青鱼肉条炒熟捞出，余油下黄甜椒条、红甜椒条、西芹条翻炒。
3. 倒入青鱼肉条炒匀，加蚝油、鸡精、姜末、蒜末调味即可。

专家点评

本品可补充营养、防治便秘、增强免疫力。

白萝卜丝炖青鱼

原料

青鱼1条、白萝卜100克、粉丝50克、青椒10克、红甜椒10克、盐3克、生姜适量、蒜适量、食用油适量

做法

1. 青鱼洗净打花刀，用盐腌渍；粉丝泡发；蒜、白萝卜、青椒、红甜椒、生姜均洗净切丝。
2. 锅中加油烧热，加水，放入青鱼，大火煮至汤变白色。
3. 放入白萝卜丝、青椒丝、红甜椒丝、姜丝、粉丝、蒜、盐，小火煮3分钟即可。

专家点评

本品能够补充宝宝生长发育所需的蛋白质、矿物质及维生素。

黄鱼

别名：石首鱼、黄花鱼
热量：400 千焦 /100 克
食量：80~100 克 / 日
性味：性平，味甘、咸

主要营养素

组氨酸

组氨酸对成人来说属于非必需氨基酸，对 10 岁以下的儿童来说是必需氨基酸。成年人自身能够合成组氨酸，但量不能满足需求，幼儿则完全需要从食物中摄取。组氨酸有促进铁的吸收，防治缺铁性贫血，扩张血管，减轻过敏和哮喘症状等多种功能。

营养分析

黄鱼有健脾养胃、安神、止痢、益气的作用。黄鱼含有丰富的优质蛋白质、不饱和脂肪酸、组氨酸和维生素 B_1、维生素 B_2、烟酸、维生素 E、钙、镁、铁、锌、硒等营养物质。黄鱼肉质鲜美，鱼肉呈“蒜瓣”状，没有细小的鱼刺，特别适合宝宝食用。

选购保存

挑选黄鱼时，应选择体形较肥、鱼肚鼓胀的。新鲜黄鱼鳃盖紧闭、鳃片鲜红，眼球凸起、黑白分明、有光泽，鱼鳞完整、不易剥离，肉质有一定硬度和弹性，用手压下后能迅速复原，无臭味。养殖的黄鱼尾巴较圆，野生的黄鱼尾巴比较长。黄鱼去除内脏，清洗干净后，用保鲜膜包好，再放入冰箱冷冻保存。

♥ 温馨提示

黄鱼富含可促进大脑和神经系统发育的营养物质，特别适合 3-6 岁的宝宝食用。但容易过敏的小朋友要慎食，一次的进食量不宜过多。

雪里蕻蒸黄鱼

原料

大黄鱼1条、雪里蕻100克、料酒10毫升、葱花10克、姜丝10克、盐3克、鸡精2克、红椒适量

做法

1. 大黄鱼宰杀洗净装盘；雪里蕻洗净切碎。
2. 在鱼盘中加入雪里蕻、盐、鸡精、料酒、葱花、姜丝。
3. 放入蒸锅内蒸8分钟，取出，撒上红椒圈装饰即可。

专家点评

本品富含优质蛋白质和多种维生素、矿物质，有补充营养、促进食欲、增强免疫力的作用。

糖醋黄鱼

原料

黄鱼600克、白糖50克、醋15毫升、淀粉适量、盐适量、鸡精适量、料酒适量、青椒适量、红甜椒适量、葱适量、姜适量、蒜适量、食用油适量

做法

1. 黄鱼处理干净；青椒、红甜椒、葱、姜洗净切丝；蒜洗净制成蓉。
2. 锅内加水烧沸，放黄鱼小火煮熟，摆盘。
3. 锅中放食用油烧热，放蒜蓉爆香，放淀粉除外的原料烧滚，用淀粉勾芡，淋于黄鱼上即可。

专家点评

本品易于消化，适合偏食、挑食的宝宝食用，有促进食欲、补充营养的功效。

鲈鱼

别名： 花鲈、鲈板
热量： 375千焦/100克
食量： 80~100克/日
性味： 性平，味甘

主要营养素

不饱和脂肪酸

不饱和脂肪酸包括油酸、亚油酸、亚麻酸、花生四烯酸等。不饱和脂肪酸可以保持细胞膜的相对流动性，以保证细胞的正常生理功能；降低血中胆固醇和甘油三酯水平。

营养分析

鲈鱼有健脾益肾、补气血、安神的功效，其肉中富含蛋白质、维生素A、B族维生素、不饱和脂肪酸、钙、镁、锌、硒等营养素。鲈鱼中的DHA含量远高于其他淡水鱼，是促进宝宝智力发育的佳品。鲈鱼血中还有较多的铜元素，是儿童健康必不可少的微量元素，对血液、大脑及神经系统、免疫系统、皮肤毛发、骨骼及内脏的发育和功能维持起重要作用；铜还参与铁元素的吸收与利用过程，所以常吃鲈鱼，有益于预防小儿缺铁性贫血。

选购保存

新鲜鲈鱼体表偏青色，鱼鳞有光泽、无缺损脱落，鳃鲜红，鱼眼清澈透明不混浊，无损伤痕迹，肉质富有弹性。鲈鱼处理好后用保鲜膜包好，放入冰箱冷冻保存。

♥ 温馨提示

鲈鱼有健脾和胃的功效，特别适合腹泻、疳积、消化不良、消瘦的儿童食用，应用易于消化又能充分保留营养成分的蒸、炖等方法烹调。

丝瓜清蒸鲈鱼

原料

鲈鱼 550 克、丝瓜 80 克、盐 3 克、嫩姜丝 10 克、汤汁适量、醋适量、食用油适量

做法

1. 鲈鱼处理干净，在鱼身两面各划两条斜线，抹上盐和油腌 5 分钟。
2. 丝瓜洗净，去皮切片，铺于盘底，鲈鱼放在丝瓜上。
3. 撒上嫩姜丝，淋上食用油、醋和汤汁，放入蒸锅中，以大火蒸 12 分钟取出即可。

专家点评

鲈鱼富含铁、锌等微量元素，有助于宝宝补铁、补锌，铜元素缺乏的宝宝也可多食鲈鱼。

鱼丸蒸鲈鱼

原料

鲈鱼 500 克、鱼丸 100 克、葱丝 10 克、姜丝 8 克、酱油 4 毫升、盐适量

做法

1. 鲈鱼处理干净；鱼丸处理干净，汆水。
2. 用盐抹匀鱼的里外，将葱丝、姜丝填入鱼肚子和码在鱼身上，将鲈鱼和鱼丸一起放入蒸锅中蒸熟。
3. 再将酱油浇淋在蒸好的鱼身上即可。

专家点评

鱼丸搭配富含蛋白质的鲈鱼，对宝宝的骨骼和内脏发育很有益，能健脾益气、补充营养、增强抵抗力。

鳕鱼

别名：鳕狭、明太鱼
热量：362千焦/100克
食量：100~200克/日
性味：性平，味甘

主要营养素

维生素D

维生素D可以维持、调节血液中钙和磷的浓度，对于宝宝的骨骼生长发育非常重要，缺乏维生素D会导致宝宝患佝偻病，症状为骨头和关节疼痛、肌肉萎缩、失眠、紧张、腹泻等。

营养分析

鳕鱼富含蛋白质、脂肪、维生素A、维生素D、钙、镁、硒等营养素，营养丰富、肉味甘美。鳕鱼含有丰富的镁元素，是人体维持正常生命活动和新陈代谢必不可少的元素。宝宝常吃些鳕鱼，有助于促进大脑和神经系统发育，保护并改善视力，提高学习能力。

选购保存

一般市售的鳕鱼都是切成块状的。新鲜鳕鱼的鱼肉略带粉红色，冰冻鳕鱼的肉则为白色。鱼身较为圆润，肉质有弹性的比较好。可以在鳕鱼的表面抹上盐，用保鲜膜包好，放入冰箱冷冻保存，这样保存时间比较长。

♥温馨提示

鳕鱼个体比较大，所以市场上的鳕鱼多为切片出售，有人将油鱼冒充鳕鱼贩卖。油鱼含有人体不能消化的蜡质，宝宝及部分成人食用后会导致胃肠痉挛不适、腹泻等症状，应注意分辨购买。

清蒸鳕鱼泥

原料

鳕鱼 200 克、鸡蛋 1 个、盐 3 克

做法

1. 鳕鱼洗净去皮和骨，制成鱼泥，盛入大碗中，加盐拌匀。
2. 移入蒸锅，大火快蒸 5 分钟。
3. 打入鸡蛋拌匀，蒸至熟即可食用。

专家点评

鳕鱼中含有不饱和脂肪酸和钙、磷、铁、B族维生素等。将鳕鱼和鸡蛋拌匀，一起大火快蒸，营养效果极佳。

茶树菇蒸鳕鱼

原料

鳕鱼 300 克、茶树菇 75 克、红甜椒 1 个、高汤 50 毫升、香油 6 毫升、盐 3 克

做法

1. 鳕鱼两面抹上盐略腌，置入盘中备用。
2. 将茶树菇洗净，切段；红甜椒洗净，切细条，都铺在鳕鱼上面。
3. 将高汤淋在鳕鱼上，放入蒸锅中，以大火蒸 20 分钟后，取出淋上香油即可。

专家点评

本品能够促进宝宝免疫系统发育并维持其正常功能，提高免疫力，增强体质。

多宝鱼

别名：漠斑牙鲆、大菱鲆
热量：391 千焦 /100 克
食量：50~100 克 / 日
性味：性平，味甘

主要营养素

优质蛋白质

多宝鱼含有丰富的优质蛋白质，宝宝多食用富含优质蛋白质的食物，既可满足生长发育的需要，又减轻了肝、肾的代谢负担，对其成长有很大益处。

营养分析

多宝鱼有祛风逐湿、活血通络的作用。多宝鱼不仅富含优质蛋白质、不饱和脂肪酸、维生素A、维生素D、维生素E及多种矿物质，且胶质蛋白含量较高，使其味道鲜美又口感细腻。清蒸多宝鱼与炖多宝鱼能够最大程度地保留其营养成分，煎、炸次之。

选购保存

新鲜的多宝鱼背面呈青褐色、腹面呈白色，鱼眼饱满凸出、角膜透明清亮，鳃丝呈鲜红色、黏液透明，具有海水鱼的咸腥味，肉质坚实有弹性、指压后凹陷立即消失。应挑选活鱼，宰杀后尽快烹调食用，冰冻保存则口感与营养都会下降很多。

♥ 温馨提示

多宝鱼肉厚而刺少，是非常适合 3-6 岁宝宝食用的一种鱼类。其味道鲜美、营养丰富，为尽量保留其营养，应多选择蒸、炖等烹调方法。

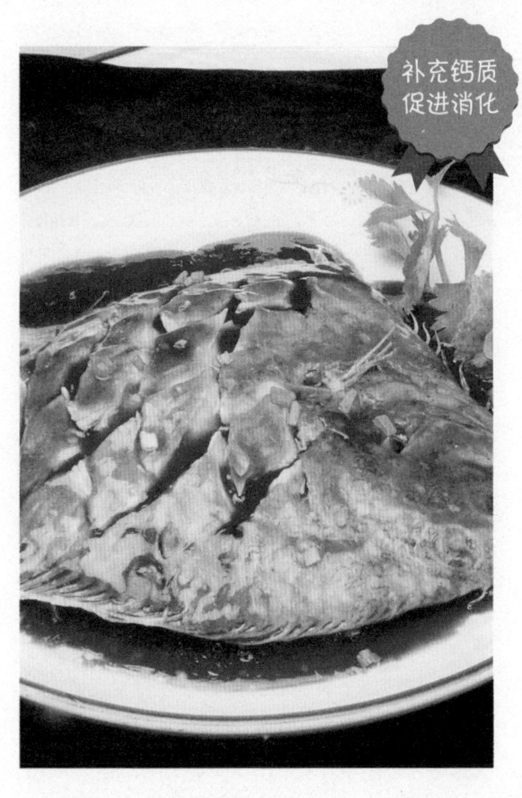

醋焖多宝鱼

原料

多宝鱼 300 克、陈醋 15 毫升、葱花 15 克、料酒 10 毫升、盐 3 克 、食用油适量

做法

1. 多宝鱼去鳞、去鳃、去内脏，洗净，在鱼身上打上花刀，加盐、料酒腌渍 10 分钟。
2. 油锅烧热，放入多宝鱼煎至两面金黄，注入少量清水烧沸。
3. 倒入陈醋焖煮至汤汁浓稠，撒上葱花即可。

专家点评

本品有开胃消食、健脾的功效，烹调过程中加入适量的醋，有助于宝宝对钙和铁的吸收。

蒜蓉蒸多宝鱼

原料

鲜多宝鱼 1 条、盐适量、葱适量、姜适量、蒜适量、料酒适量、红甜椒适量、植物油适量

做法

1. 鲜多宝鱼处理干净，斜切花刀；红甜椒洗净切末；姜洗净切末；葱洗净切末；蒜洗净剁成蓉。
2. 将蒜蓉、姜末、红甜椒末、盐均匀地撒在鱼身上，淋上料酒。
3. 将鱼放入蒸锅，大火蒸 8 分钟，取出撒上葱末，浇上热植物油即成。

专家点评

本品能提高免疫力、预防多种儿童常见传染病、改善食欲。

三文鱼

别名： 鲑鱼、大马哈鱼
热量： 572 千焦 /100 克
食量： 50~100 克 / 日
性味： 性平，味甘

主要营养素

色氨酸、谷氨酸

色氨酸是人体必需氨基酸，可调节神经兴奋、睡眠的持续时间，可收缩血管以止血。谷氨酸能够兴奋中枢神经，对于宝宝的大脑、神经发育和维持脑细胞功能有重要作用。

营养分析

三文鱼有补虚劳、健脾胃的功能，其肉中含有丰富的不饱和脂肪酸，如 ω-3 脂肪酸，是宝宝大脑、神经系统及视网膜发育必不可少的物质，有助于促进儿童智力发育、提高记忆力、改善视力等。三文鱼中的蛋白质为优质蛋白质，富含人体必需氨基酸。

选购保存

品质好的三文鱼，鱼肉有光泽，有弹性，颜色呈橘红色。三文鱼的颜色和其营养价值成正比，橘红色越深，价值越高，也越新鲜。三文鱼用保鲜膜包住，放在冰箱冷藏室可保存 1~2 天，需要尽快食用，以保证新鲜和营养。冷冻后保存时间较长，食用前稍微解冻一下，切片烹饪，但冷冻三文鱼不适合生吃。

♥ 温馨提示

三文鱼属于深海鱼，砷、汞等微量元素含量较高，主要富集在鱼头和脊神经中，所以不要用三文鱼头或鱼骨煲汤。宝宝应避免吃生鲜三文鱼，一定要烹调熟透，以杀灭细菌和寄生虫。

青笋三文鱼卷

原料

三文鱼 100 克、鸡蛋 2 个、青笋 100 克、海苔 20 克、盐适量、沙拉酱适量、食用油适量、芝麻少许

做法

1. 鸡蛋打散，入油锅煎成蛋皮；三文鱼处理干净汆水，捞出压碎，与盐和沙拉酱拌匀。
2. 青笋洗净去皮切段，汆熟；海苔洗净。
3. 将蛋皮铺平，放三文鱼、海苔、青笋卷起，压紧后切段蒸熟，撒上芝麻即可。

专家点评

本品对宝宝的大脑和神经系统发育很有益，有健脑益智、促进发育的功效。

山药三文鱼

原料

三文鱼 80 克、山药 20 克、胡萝卜 15 克、海带 15 克、芹菜末 15 克、盐少许、鸡精少许

做法

1. 三文鱼洗净切块；山药、胡萝卜削皮，洗净、切小片；海带洗净、切小片。
2. 山药片、胡萝卜片、海带片放入锅中，加入 3 碗水煮沸，转中火熬成 1 碗水。
3. 加入三文鱼块煮熟，加入盐、鸡精，撒上芹菜末即可。

专家点评

本品营养丰富且全面，是生长发育中的宝宝很好的日常菜肴，有健脾胃、促进发育的作用。

墨鱼

别名：乌贼、花枝、墨斗鱼
热量：342 千焦 /100 克
食量：50~100 克 / 日
性味：性平，味咸

主要营养素

赖氨酸、铁

赖氨酸对生长发育中的宝宝非常重要，有增强其抵抗力的作用。墨鱼含铁较丰富，有助于预防小儿缺铁性贫血。

营养分析

墨鱼有补益精气、健脾、养血滋阴、通络的功效，属于高蛋白、低脂肪、低热量的食物，富含蛋白质、烟酸、赖氨酸、维生素 E、铁、钾、钙、锌和磷等营养素。宝宝常吃些墨鱼，有助于补充钙和铁，但应避免同时吃含大量鞣酸的水果，鞣酸会阻碍蛋白质、铁的消化吸收，并形成不易消化的物质，造成便秘。

选购保存

挑选鲜墨鱼时，宜选择色泽鲜亮洁白、无异味、无黏液、肉质富有弹性、眼睛明亮凸出的。挑选干墨鱼时，宜选择干燥、有海腥味，但无腥臭异味的。储存新鲜墨鱼可以去除表皮、内脏和墨汁后，将其清洗干净，用保鲜膜包好，放入冰箱冷藏，2 天内需食用完。冷冻可保存较长时间。

♥ 温馨提示

墨鱼中含有多种人体必需的氨基酸，是 3-6 岁宝宝比较好的氨基酸食物来源，还可补充钙、铁、硒、锌等矿物质。墨鱼有很好的滋阴养血功效，女性也可常吃。

墨鱼饭

原料

墨鱼 300 克、青椒 50 克、红甜椒 50 克、米饭 1 碗、盐适量、姜片适量、葱花适量、食用油适量

做法

1. 墨鱼处理干净，加盐腌渍；青椒、红甜椒均洗净切丁。
2. 起油锅，炝姜片，下青椒、红甜椒翻炒，加米饭炒匀，放盐、葱花调味。
3. 将炒好的米饭塞入墨鱼中，上蒸笼蒸熟，取出待凉，食用时切成段即可。

专家点评

本品能预防和改善缺铁性贫血，能促进宝宝身体发育。

墨鱼蒸饺

原料

墨鱼 150 克、面皮适量、青豆适量、胡萝卜丁适量、白糖 8 克、盐适量、鸡精适量、香油适量

做法

1. 墨鱼洗净剁成粒；放所有调味料，一起拌匀，做成馅。
2. 取适量馅放到面皮上，将面皮从三个角向中间收拢，包成三角形，再捏成金鱼形，即成生坯。
3. 入锅蒸 8 分钟至熟即可。

专家点评

墨鱼蒸饺形态可爱、味道可口、营养丰富，能促进宝宝食欲、增强体质。

别名：虾米、长须公
热量：292 千焦 /100 克
食量：30~50 克 / 日
性味：性温，味甘、咸

主要营养素

维生素 A

维生素 A 属于脂溶性维生素，其生理功能非常重要，维生素 A 参与合成视觉细胞内的感光物质，从而维持正常的视觉功能，并保护皮肤和黏膜，促进免疫球蛋白的合成和维持骨骼的正常发育。

营养分析

虾可温补脾胃、扶补阳气、改善食欲，且其肉质松软、易消化，营养丰富，含有优质蛋白质及多种维生素、矿物质，对于 3-6 岁宝宝是极好的食物。宝宝经常吃虾，可促进大脑和神经系统发育、提高智力和学习能力，还有助于补充钙质，促进骨骼生长发育。虾含有丰富的镁，可以调节心脏活动、促进血液循环、保护宝宝的心血管系统。

选购保存

新鲜的虾体形完整，呈青绿色，外壳硬实、有光泽，头和身连接紧密，肉质细嫩，有弹性、有光泽。将虾剥除虾壳和头、挑泥肠，洗净沥干，然后洒上少许酒，沥干，再放进冰箱冷冻。

♥ 温馨提示

虾有温补肾气的效果，对于先天不足、体质虚寒的宝宝有一定补益效果，所以脾虚腹泻、消化不良的孩子可经常吃些虾。虾的头和肠中有害物质较多，应处理干净再烹调。

虾仁水果沙拉

原料

虾仁 75 克、猕猴桃 75 克、香瓜 75 克、酸奶适量、沙拉酱适量

做法

1. 虾仁洗净；猕猴桃洗净去皮，切丁；香瓜洗净切丁。
2. 锅中倒水烧沸，放入虾仁汆熟，捞出沥水，与猕猴桃、香瓜一起放入盘中。
3. 淋上酸奶、沙拉酱即可。

专家点评

本品含有钙、镁，有助于大脑活动，能促进宝宝大脑发育，还能润肠通便。

彩色虾仁饭

原料

大米 150 克、虾仁 100 克、冷冻三色蔬菜 100 克、鸡蛋 1 个、红枣 8 颗、柴鱼粉适量、葱末适量、盐适量、食用油适量

做法

1. 红枣洗净，水煮滤汁；大米洗净和汤汁入锅煮熟。
2. 虾仁洗净；鸡蛋打入锅中炒熟。
3. 热油锅，虾仁入锅炒熟盛出，以余油爆香葱末，米饭下锅，再加盐、柴鱼粉、虾仁、冷冻三色蔬菜、蛋炒匀。

专家点评

本品营养全面，孩子常食用可预防缺铁性贫血、缺钙、便秘、体质虚弱。

牡蛎

别名：生蚝
热量：301千焦/100克
食量：30~50克/日
性味：性微寒，味甘、咸

主要营养素

钙、硒

牡蛎中含有丰富的钙和硒。3-6岁宝宝处于体格发育较快的阶段，骨骼的生长和恒牙的发育需要大量钙质，从食物中摄取充足的钙质非常重要。硒能促进宝宝免疫系统发育，提高免疫力。

营养分析

牡蛎有养心安神、潜阳滋阴、软坚散结、收敛固涩的功效，含有丰富的蛋白质、脂肪、碳水化合物、维生素A、维生素B_1、维生素B_2、维生素E、钙、镁、铁、锰、锌、铜、硒等多种营养素。牡蛎中维生素A、钙、锌、硒的含量特别高，常吃牡蛎能够补充这些营养素，有益于保护3-6岁宝宝的视力，促进骨骼生长发育，提高免疫力。

选购保存

撬鲜活的牡蛎时有较大阻力，打开后没有异味，肉质丰厚、光洁有弹性。鲜活的牡蛎放在清洁容器中，盖上湿布，置于冰箱5~8℃冷藏保存，可保鲜4~5天。

♥温馨提示

牡蛎中维生素A和矿物质的含量特别丰富，对3-6岁宝宝的生长发育有很好的帮助。同时，牡蛎还有滋阴润燥的效果，但由于其性偏寒凉，所以，脾虚腹泻的宝宝尽量少吃或不吃。

豆豉煮牡蛎

原料

牡蛎 250 克、葱 2 棵、豆豉 20 克、酱油适量、食用油适量

做法

1. 牡蛎洗净杂质，沥干备用；葱洗净，切葱花。
2. 炒锅加热放食用油，下豆豉爆香，再下牡蛎拌炒。
3. 加酱油调味，加适量水，待熟后，撒上葱花即可起锅。

专家点评

本品含钙、锌等多种营养素，对宝宝因缺锌而厌食有一定的改善作用。心神不安、失眠的宝宝可多食。

山药韭菜煎牡蛎

原料

山药 100 克、韭菜 150 克、牡蛎 300 克、枸杞子 5 克、红薯粉 15 克、盐适量、食用油适量

做法

1. 牡蛎洗净沥干；山药洗净去皮，磨成泥；韭菜洗净切末；枸杞子洗净泡软，沥干。
2. 将红薯粉加适量水拌匀，加入牡蛎和山药泥、韭菜末、枸杞子，并加盐调味。
3. 热锅入油，倒入拌好的牡蛎等材料，煎熟即可。

专家点评

本品含有钙和锌，非常适合宝宝食用。

扇贝

别名：帆立贝、海扇
热量：284千焦/100克
食量：30~50克/日
性味：性寒，味咸

主要营养素

锌、硒

扇贝含有丰富的锌，而锌在宝宝的生长发育过程中起着重大作用，包括促进维生素A的利用与代谢、促进智力与体格发育等。扇贝还富含硒，如果宝宝缺乏硒会造成免疫力下降、蛋白质合成障碍、影响维生素的吸收利用，因此，宝宝平时可以多食扇贝。

营养分析

扇贝富含蛋白质、碳水化合物、钙、锌、硒等营养物质，且脂肪含量非常低，常吃扇贝可健脑益智，预防近视的发生和发展。扇贝中的维生素E有很好的抗氧化作用，能够预防自由基对细胞的伤害。

选购保存

应挑选外壳颜色鲜亮、有光泽、大小均匀的鲜活扇贝。活扇贝静置时外壳会微微张开，受到外力刺激立刻闭合，合不上的是死贝。优质干贝色泽微黄、有光泽，表面有白霜，颗粒整齐，肉质坚实饱满、干燥，有特殊的香气。

♥ 温馨提示

扇贝属高蛋白、低脂肪食物，富含锌和硒，对宝宝生长发育有利，适合3-6岁宝宝食用。但扇贝和牡蛎一样，性偏寒凉，脾胃虚寒所致腹泻的宝宝不宜食用。

百合扇贝

原料

扇贝 200 克、百合 80 克、青椒 50 克、红甜椒 50 克、料酒适量、酱油适量、番茄酱适量、盐适量、鸡精适量、食用油适量

做法

1. 扇贝洗净，切为两半；青椒、红甜椒洗净切片；百合洗净。
2. 油锅烧热，放扇贝，放料酒、酱油、番茄酱翻炒，下百合、青椒、红甜椒翻炒。
3. 加盐、鸡精调味即可。

专家点评

扇贝肉质厚实，味道鲜香，有利于增进宝宝的食欲，补充丰富的营养。

蒜蓉粉丝蒸扇贝

原料

扇贝 300 克、粉丝 100 克、红甜椒适量、蒜蓉 15 克、葱花适量、料酒适量、盐 2 克、鸡精适量、食用油适量

做法

1. 扇贝洗净切开，取出贝肉，用少许盐、料酒腌渍；粉丝泡发好；红甜椒洗净切末。
2. 油锅加热，放蒜蓉、剩余盐、鸡精炒匀；贝壳上放粉丝、贝肉、蒜蓉装盘。
3. 入蒸笼蒸熟，撒上红甜椒末和葱花，淋热油即可。

专家点评

扇贝有滋阴利水的作用，宝宝适当吃扇贝可以提高食欲、预防上火。

蛤蜊

别名：海蛤、文蛤、沙蛤
热量：255千焦/100克
食量：20~30克/日
性味：性寒，味咸

主要营养素

钙、磷

适量摄入磷，对于宝宝的生长发育和能量代谢都是非常必要的。钙，存在于人体的所有细胞中，是构成骨骼、牙齿等结构的必要物质。食物中钙磷比例约为2∶1时，人体对钙质的吸收率最高。

营养分析

蛤蜊有滋阴润燥、软坚化痰的效果，而且营养比较全面，含多种人体必需和非必需氨基酸、脂肪、碳水化合物、铁、钙、磷、碘、多种维生素、牛磺酸等多种成分，有低热量、高蛋白、少脂肪的特点。无论炖汤或炒食，蛤蜊味道鲜美，加上它滋阴润燥的功效，很适合夏秋季节给孩子食用。

选购保存

鲜活蛤蜊在安静的水中会伸出斧足，触之立刻紧闭贝壳，无异常腥臭味。死蛤蜊、煮熟后不张壳的蛤蜊不要食用。新鲜蛤蜊不适合放在冰箱长时间保存，最好用清水盛放，待吐尽泥沙后，尽快烹饪。

♥ 温馨提示

蛤蜊有调节血液中胆固醇含量、促进脂肪代谢的功能，所以单纯性肥胖的儿童常吃些蛤蜊，有助于调节代谢。但蛤蜊性寒凉，脾胃虚寒所致腹泻的宝宝不宜食用。

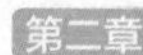

炒蛤蜊

原料

蛤蜊400克、番茄汁30毫升、甜椒适量、淀粉20克、蒜15克、姜10克、盐3克、食用油适量、葱段适量

做法

1. 蛤蜊洗净；蒜去皮剁蓉；姜洗净切末；甜椒洗净切片。
2. 锅中加水烧沸，放入蛤蜊煮开，捞出沥水。
3. 油锅烧热，放入蒜蓉、姜末、葱段爆香，放入蛤蜊、甜椒，调入番茄汁、盐炒匀，用淀粉勾芡即可。

专家点评

本品口感鲜香，很开胃，有促进消化的作用。

银芽焖蛤蜊

原料

蛤蜊300克、绿豆芽150克、红甜椒1个、枸杞子适量、盐适量、食用油适量

做法

1. 蛤蜊处理干净，汆熟取肉；绿豆芽洗净切段；红甜椒去蒂洗净切条；枸杞子洗净泡发。
2. 油锅烧热，下蛤蜊肉翻炒，倒入适量清水，放入其余食材，以中火焖煮10分钟。
3. 加盐调味，即可。

专家点评

本品中蛤蜊搭配绿豆芽和甜椒，能提供丰富的蛋白质和多种维生素、矿物质，有增强体质的作用。

海带

别名：昆布、江白菜
热量：54千焦/100克
食量：15~20克/日
性味：性寒，味咸

主要营养素

碘、锌

碘元素能促进糖和脂肪代谢、调节水钠代谢、促进维生素的吸收利用、增强酶的活性、促进宝宝生长发育等。锌在宝宝的生长发育过程中起重大作用，包括促进维生素 A 的利用与代谢。

营养分析

海带能清热化痰、软坚散结、防治夜盲症、维持甲状腺正常功能、促进甲状腺激素分泌。海带中含有丰富的粗蛋白、海藻多糖、膳食纤维、锌、钙、铁、碘、胡萝卜素、维生素 B_1、维生素 B_2、烟酸等。3-6 岁宝宝常吃些海带，有助于促进智力发育、骨骼和牙齿的生长，增强人体免疫力，促进胃肠蠕动，预防便秘。

选购保存

质厚实、形状宽长、身干燥、色显黑褐或深绿、边缘无碎裂或黄化现象的，才是优质海带。将干海带剪成长段，洗净，用淘米水泡，煮 30 分钟，切成条，分装在保鲜袋中放冰箱里冷冻起来。

♥ 温馨提示

海带营养丰富，富含多种维生素和矿物质，有助于宝宝生长发育，是 3-6 岁宝宝良好的食物选择，夏秋季节给孩子喝些海带汤，还有清热消暑、润燥的作用。但海带性寒凉，脾胃虚弱所致腹泻的宝宝不宜多吃。

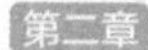

拌海带丝

原料

水发海带丝1000克、鸡骨架少许、葱片适量、姜片适量、香菜叶适量、酱油适量、醋适量、白糖适量、香油适量、鸡精适量、盐适量

做法

1. 水发海带丝洗净；鸡骨架洗净。
2. 锅置火上，将鸡骨架放在锅中，加水、葱片、姜片后煮1小时，去鸡骨架留汤。
3. 下入海带丝煮至海带熟，捞出装盘，加入各种调味料拌匀，撒上香菜叶即可。

专家点评

本品适合经常便秘的孩子食用，有润肠通便、补碘补锌的作用。

鸡蛋蒸海带

原料

海带丝300克、鸡蛋2个、葱6克、鸡精5克、盐3克

做法

1. 海带丝洗净切小段，焯水。
2. 鸡蛋入碗中打散，加入少量水、葱、鸡精、盐、海带丝一起拌匀，放入蒸笼蒸熟。
3. 待熟后，取出待凉，切块装盘即可。

专家点评

本品中的海带富含藻酸等植物性膳食纤维和多种矿物质、维生素，对生长发育期的宝宝十分有帮助。

紫菜

别名：索菜、子菜、甘紫菜
热量：861千焦/100克（干品）
食量：20~30克/日
性味：性寒，味甘、咸

主要营养素

碘、海藻多糖

紫菜含有丰富的碘元素，碘元素能促进宝宝生长发育等。海藻多糖存在于海带、紫菜等海藻类中，有调节免疫力、清除自由基、抗病毒、调节消化系统功能、抗过敏等功效。

营养分析

紫菜有清热利水、补肾养心的作用，其中富含蛋白质、维生素A、维生素C、维生素B_1、维生素B_2、碘、钙、铁、磷、锌、锰、铜等营养素。紫菜中的海藻多糖具有明显增强细胞免疫和体液免疫的功能，可促进淋巴细胞转化，提高人体的免疫力，对于3-6岁宝宝改善体质、预防传染病有很大益处。紫菜富含胆碱和钙、铁，能增强宝宝的记忆力，还可预防贫血，促进骨骼、牙齿的生长。

选购保存

因品种不同，紫菜的颜色略有不同，以色泽紫红、无泥沙杂质、叶片薄且干燥、泡发后完整有弹性的为佳。紫菜容易受潮变质，日晒会破坏其中的营养物质，应用密封袋保存，放在阴凉、避光、干燥的地方。

♥温馨提示

紫菜营养丰富，富含多种维生素和矿物质，有助于宝宝的生长发育，是宝宝良好的食物。做汤或粥时，加少量的紫菜还能使食物味道鲜香，让宝宝更爱吃。但紫菜性寒凉，脾胃虚弱所致腹泻的宝宝不宜多吃。

紫菜蛋花汤

原料

紫菜250克、鸡蛋2个、姜5克、盐3克、鸡精3克、葱2克

做法

1. 将紫菜用清水泡发后，捞出洗净；葱洗净，切葱花；姜洗净切末；鸡蛋打散。
2. 锅上火，加入水煮沸后，下入紫菜。
3. 待再沸时，下入鸡蛋液，至鸡蛋液成形后，下入姜末、葱花，调入盐、鸡精即可。

专家点评

本品富含钙、铁、碘、海藻多糖等营养素，可以促进宝宝骨骼、牙齿的生长，增强免疫力。

紫菜蛋糕卷

原料

蛋清200克、蛋黄112克、低筋面粉90克、白糖80克、栗粉25克、紫菜4克、色拉油75毫升、塔塔粉3克、鸡精2克、奶香粉1克、盐3克、柠檬果膏适量

做法

1. 紫菜泡发切碎，与蛋清、蛋黄、低筋面粉、白糖、栗粉、紫菜、色拉油、奶香粉和塔塔粉一起和成面糊。
2. 再加鸡精、盐和柠檬果膏完全拌匀。
3. 烘烤后卷起切好，装盘即可。

专家点评

本品营养丰富，能促进食欲、补充营养、增强体质，很适合宝宝食用。

紫菜煮馄饨

原料

猪肉500克、馄饨皮500克、蛋皮50克、虾皮50克、香菜末50克、紫菜25克、盐3克、鸡精1克、香油少许、高汤适量

做法

1. 将猪肉搅碎，和少许盐、鸡精拌成馅；馄饨皮擀成薄纸状，包馅捏成团。
2. 锅中加高汤煮沸，下馄饨煮熟。
3. 放蛋皮、虾皮、紫菜、香菜末、剩余的盐调味，淋上香油即可。

专家点评

本品有滋阴利水、补钙补碘、增强体质的作用，还能预防贫血。

第三章

宝宝慎食的 91 种食物

有研究显示，正确、恰当的饮食对宝宝的健康成长及发育起着关键性的作用，误食某些食物或过量食用某种食物对宝宝而言都是不利的，所以宝宝的饮食问题不容忽视。第二章我们介绍了宝宝宜食食物，本章收集整理了 91 种宝宝慎食食物，介绍了哪些食物宝宝不宜食和不宜过量食的原因，让家长更明确食物对宝宝健康发育的影响。

可乐

慎食原因

可乐等碳酸饮料营养低、热量高，容易引起体重增加，引发小儿肥胖。可乐中主要含精制糖，这种糖在人体中可直接被人体吸收利用，从而使血糖快速升高，不利于健康。长期喝可乐，能影响钙质的吸收，影响骨骼的正常发育。可乐为碳酸饮料，其二氧化碳的含量高，若长期饮用，易刺激胃肠，产生腹胀感，影响食欲，不利于宝宝的身体健康。

果汁型饮料

慎食原因

果汁型饮料往往在制作中，被人为地添加过多糖分，宝宝饮用后可从中获得不少热量，从而影响正餐进食。长此下去，容易造成蛋白质、某些维生素、矿物质摄入不足，影响体格和智力发育，故不宜过多饮用。果汁中多含有食品添加剂成分，食品添加剂摄入过多，易影响宝宝大脑及神经系统的发育。

冷饮

慎食原因

过多地喝冷饮可能会引起肠套叠。宝宝的肠道比成年人的薄，包裹在肠道表面的肠系膜相对较长而柔软，还不能很好地将肠道固定在腹后壁，喝过量冷饮极可能引发肠套叠。制作冷饮从原料到成品需要很多工序，再加上包装、运输、出售等各个环节，每个环节都容易被细菌污染。过多地饮用被污染的冷饮，对身体健康极为不利。饮用过量的冷饮还会刺激消化道，造成不适。

冰淇淋

慎食原因

冰淇淋是一种高脂肪、高糖分食品，所含的糖属于精制糖，过多地食用此类糖，对身体极为不利，故孩子不宜过多食用。冰淇淋上面的奶油多数为人工奶油，而人工奶油是工业合成的，过多地食用显然对身体健康不利。另外，过多地食用寒凉食物，很容易造成胃肠功能紊乱。

冰棍

慎食原因

冰棍是寒冷食物，吃得太多，会刺激胃肠平滑肌强烈收缩，造成孩子胃肠不舒适，甚至肚子痛。人体内的大部分酶在接近体温 37℃时，催化性能最好，活力也最强。在温度降低的时候，其催化性能和活力也会随之减弱。吃过多的冰棍，会使胃肠道温度下降，减弱其消化食物的能力，从而造成孩子食欲下降、胃部疼痛，甚至呕吐。

八角

慎食原因

八角属于辛热性作料，过多食用容易出现头目胀痛、面红目赤、大便秘结等上火症状。宝宝过多食用，易出现口腔溃疡、便秘、咽痛等症状，患有皮炎、荨麻疹等皮肤病的宝宝食用后会加重病情，因此，宝宝应慎食八角。

胡椒

慎食原因

长期大量食用胡椒，易出现中毒症状，如胃脘灼热、腹胀、腹痛、恶心、呕吐，故宝宝不宜多食。胡椒是大辛大热之物，过多地食用容易上火，引发口腔溃疡、牙龈上火肿痛、便秘，甚至引发痔疮，对宝宝健康不利。胡椒是燥热性食物，过多地食用容易损耗人体津液，诱发小儿烦躁不安等情绪。

小茴香

慎食原因

小茴香性温，过多食用会助热生火，对健康很不利。小茴香属于辛热刺激的调味料，过量食用会出现心跳加速、血压升高的现象，对身体健康非常不利。经常过多地食用容易消耗肠道内的水分，使腺体分泌减少，造成肠道干燥，从而发生便秘或粪便梗阻等症，故宝宝不宜多食。

花椒

慎食原因

花椒是辛热性食物，过多地食用容易损伤胃肠，并引发口腔溃疡、眼疾、便秘等，故宝宝不宜多食。花椒含有香樟素，过多地食用对眼睛不好，眼疾、过敏体质的人不宜食用。

辣椒

慎食原因

辣椒中含有大量的辣椒素，食用过多的辣椒素会剧烈刺激胃肠黏膜，使其高度充血，并促使其蠕动加快，从而引起胃痛、腹痛、腹泻，以及肛门烧灼刺痛等现象，甚至会诱发胃肠疾病，促使痔疮出血，对身体健康非常不利。另外，辣椒属于辛热性食物，过多地食用容易上火，造成口腔溃疡、便秘等，故宝宝不宜食用。

香辣酱

慎食原因

香辣酱的配料为辣椒、蒜、兰花酒、盐等成分，大多是大辛大热之物，过多地食用容易导致上火，引发溃疡等实热症状。香辣酱属于腌制食物，其盐分的含量较高，对于宝宝而言，过多地食用过咸的食物，容易导致高血压，故不宜多食。经常食用香辣酱，对消化功能也有一定的影响，还会加重肾脏负担，对身体健康不利。

豆瓣酱

慎食原因

豆瓣酱是非天然的食品，在制作过程中，会产生大量的亚硝酸钠。亚硝酸钠有较强的致癌性，可以诱发各种组织器官癌变，严重影响宝宝的健康，故不宜多食。豆瓣酱中钠含量极高，每100克中含有钠约6克。摄入大量的钠可发生水钠潴留，使血容量增加，血压升高，心脏负荷增大，导致水肿和高血压。另外，长期食用豆瓣酱还容易引起便秘。

芥末

慎食原因

芥末所含的热量和碳水化合物都比较高，食用后容易刺激胃液和唾液的分泌，从而增进食欲，让人不自觉地进食更多的食物，这样就很容易引发肥胖。芥末还具有催泪性的强烈刺激性辣味，食用后可使人出现心跳加速、血压升高的现象，而宝宝的体质较弱，食用芥末显然对身体不利，故不宜食用。

辣白菜

慎食原因

辣白菜是由辣椒酱、大白菜等原料，经过盐腌渍而成，过多地食用含辣酱较多的食物，容易刺激胃肠，引发胃肠炎，甚至胃溃疡，故不宜多食。由于辣白菜属于腌制食品，其盐分的含量较高，过多地食用过咸的食物，容易引发高血压。腌制食物如果腌渍时间不长或腌渍不成功，很容易产生亚硝酸胺，亚硝酸胺是强致癌物，故宝宝不宜食用这类腌制食物。

腌萝卜干

慎食原因

萝卜干在腌渍的过程中加入了大量盐分，所以萝卜干的钠含量高，钠的摄取量与高血压的发病率成正比关系，过多的钠在体内堆积，可使血管紧张素Ⅰ向血管紧张素Ⅱ转化，使血管收缩，从而使血压升高。萝卜是产气食物，能刺激胃肠，加快蠕动，对于宝宝而言，其胃肠功能相对较弱，过多地食用，容易出现腹胀、腹痛，故不宜多食。

烧烤类食物

慎食原因

烧烤类食物在制作过程中可产生数百种有害物质，其中，一种叫“苯并芘”的致癌物质，在烧烤肉类制品时，会大量产生。过多地食用烧烤类食物很容易引发胃癌，故不宜多食。烧烤类食物的油脂含量较高，过多地食用不利于消化吸收，对宝宝而言，其消化功能还不健全，不宜过多食用。

熏肉

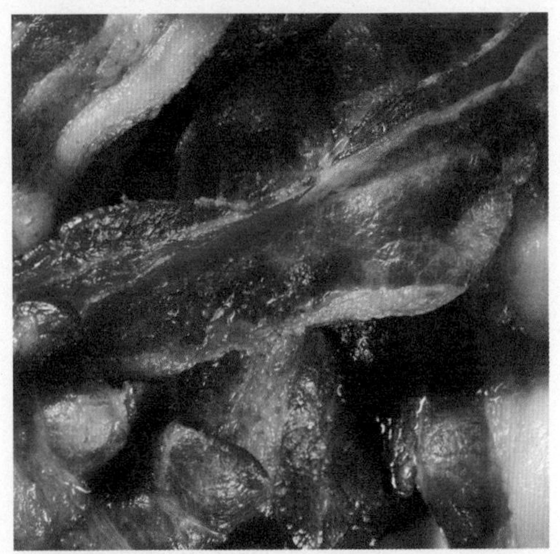

慎食原因

熏肉在制作过程中加入了大量的盐，如果摄入过多易出现血压升高的现象，而且熏肉在制作的过程中可能会产生致癌物亚硝酸盐，人体食用后对身体健康极为不利。熏肉的脂肪含量也非常高，摄入大量的脂肪，会使脂肪在血管壁上堆积，使血管管腔变窄，从而引发一系列疾病，严重损害小儿健康，故不宜多食。

咸鱼

慎食原因

咸鱼是一种腌制食品，可能含有大量的二甲基亚硝酸盐，这种物质进入人体后，会转化为致癌性很强的二甲基亚硝胺，故不宜多食。咸鱼的含盐量较高，过多地食用对肾脏不利，而且过多地食用腌制食物，容易引起高血压，对健康不利。经过腌渍后的鱼，多数营养成分都被破坏，过多食用，易导致营养失衡。

腊肠

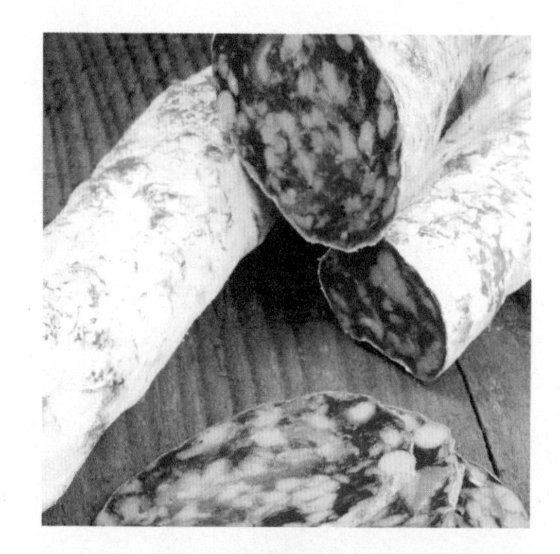

慎食原因

腊肠是腌制食物，在其加工过程中要加入大量的盐、防腐剂、色素等，吃多了对身体不好。此外，为了不使腌制品变质，盐的用量会特别多，保质期越长的，盐分越高。其中还可能加入聚合磷酸盐，吃了过多含磷的食品，容易导致人体缺钙，对宝宝而言，钙的缺失，不利于骨骼的正常生长。腊肠中的盐分含量较高，过多地食用容易引发高血压。

腊肉

慎食原因

腊肉是高脂肪类食物，不仅如此，腊肉当中的胆固醇含量也很高，每 100 克腊肉含胆固醇 123 毫克。过多地食用腊肉，对宝宝健康极为不利。腊肉在制作过程中，肉中大多数微量元素和维生素都已被破坏，所剩营养不多。过多地食用腊肉，不利于补充营养，不利于宝宝健康成长。过多地食用腊肉也容易引发高血压。

火腿

慎食原因

火腿是腌渍或熏制的动物的腿（本书主要指猪腿），在制作过程中大量使用氯化钠（盐）和亚硝酸钠（工业用盐），长期摄入过多盐分会导致高血压和水肿，亚硝酸钠食用过量还会造成食物中毒，甚至诱发癌症。火腿的热量以及脂肪含量很高，过多食用不利于体重的控制，容易引发小儿肥胖。另外，火腿在加工的过程中可能会受到污染，食用后对健康不利。

鱼干

慎食原因

鱼干是由新鲜的鱼经过调味充分晒干而成，水分含量大大降低，营养物质得到浓缩。过多食用水分低的食物，容易消耗唾液，损耗津液。鱼干中的钠含量较高，过多地食用极易加重肾脏负担，对宝宝健康极为不利，故不宜多食。

烤鸭

慎食原因

烤鸭是典型的熏烤类食物，而熏烤类食物中多数含有一种叫作“苯并芘”的物质，食用后对人体的危害极大，长期大量食用此类食物，很容易导致癌症，故宝宝不宜多食。烤鸭中的热量和脂肪含量都比较高，过量食用容易导致小儿肥胖。除此之外，过多地食用高脂肪食物，还容易使血管管腔变窄，从而导致心脑血管疾病。

炸鸡

慎食原因

为了保证炸鸡的口味，商家常会选择棕榈油等饱和脂肪酸含量较高的油来烹炸，而饱和脂肪酸是导致心脑血管疾病的主要原因，故不宜多食。炸鸡是油炸类食物，其维生素的流失很严重，过多地食用不利于营养均衡，对宝宝的生长发育不利。炸鸡是高蛋白、高脂肪的食物，如果长期摄入高蛋白、高脂肪的食物，将加重肾脏负担，有可能导致肾病。

猪腰

慎食原因

猪腰是猪体内重要的排泄器官，没有排净的毒素常常会在此堆积，极易造成病菌或重金属污染，其中的镉元素对男性生殖器官发育不利。对于功能尚不健全的宝宝而言，过多地食用猪腰，对健康更为不利。此外，动物内脏中胆固醇的含量都相对较高，过多地食用胆固醇高的食物，容易诱发小儿肥胖，故慎食。

猪脑

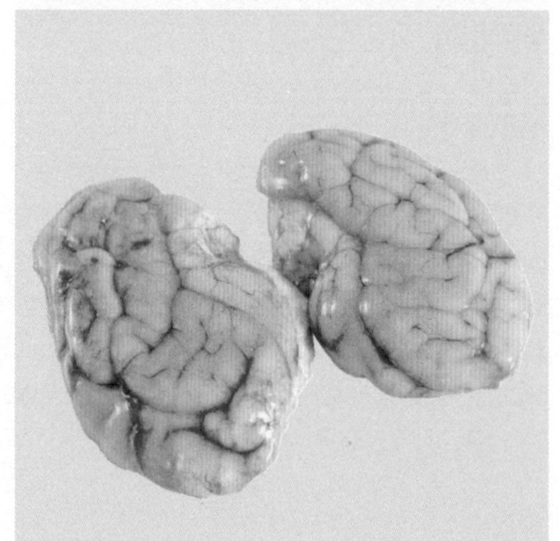

慎食原因

猪脑属于胆固醇含量最高的食物之一，是猪肉胆固醇含量的 30 倍，胆固醇堆积，容易造成血管堵塞，显然对健康不利，故不宜多食。肉禽类是寄生虫的一大宿主，如果防疫检疫不严，很容易有寄生虫存在。对于宝宝而言，其体质较弱，免疫力较低，病菌、寄生虫很可能突破血脑屏障，在脑中富集或繁殖，造成不可估量的危害，故慎食。

肉皮

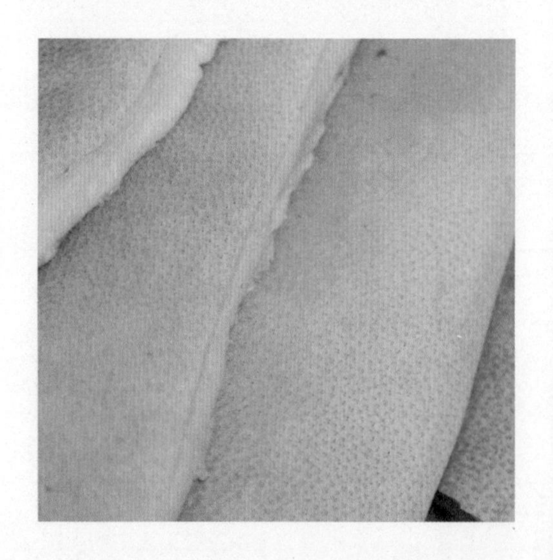

慎食原因

肉皮主要指猪肉皮，含有丰富的蛋白质和脂肪，过多地食用必然会加重肾脏的负担，还会引起肥胖。宝宝由于某些器官功能还不健全，过多食用肉皮显然对其健康更为不利，故不宜多食。

肥肉

慎食原因

肥肉的脂肪含量非常高。长期大量进食肥肉，将不可避免地导致脂肪摄入过多，从而诱发身体肥胖，而宝宝过于肥胖必然会影响其生长发育。肥肉中还含有大量的饱和脂肪酸，它可以与胆固醇结合沉积于血管壁，从而使血管管腔变窄，诱发各种血管性疾病，对健康极为不利。

牛油

慎食原因

牛油，这里指从牛的脂肪组织中提炼出来的油脂。牛油中含有大量的胆固醇和饱和脂肪酸，二者可结合沉积在血管内壁，形成脂肪斑块，导致血管变窄，从而引发一系列心血管疾病。牛油的脂肪含量非常高，脂肪的过多摄入很容易在体内的皮下层堆积，引起小儿肥胖，故不宜多食。牛油还被作为火锅底料，殊不知，牛油在高温下会发生反应，易产生有毒物质，其危害性不可轻视。

猪油

慎食原因

猪油是一种高热量食品，具有独特的香味。用猪油烹调菜肴可大大地提高宝宝的食欲，如此极易导致过食，造成小儿肥胖，故不宜多食。猪油为动物油，饱和脂肪酸和胆固醇的含量均很高，长期食用易导致血管硬化，有引发高血压、心脏病与脑出血等心脑血管疾病的风险。

奶油

慎食原因

市售的奶油多数是植物奶油，是由植物油、水及多种添加剂调和而成，过多地食用对健康不利，故不宜多食。植物奶油虽不似动物奶油含有较高的胆固醇和热量，但其含有大量的反式脂肪酸，能增加血液的黏稠度，提高低密度胆固醇的含量，减少高密度胆固醇的含量，从而促使动脉硬化。奶油含钠量高，多食可能引起水肿。

黄油

慎食原因

黄油的主要成分是脂肪，热量极高，过多地食用容易引发小儿肥胖。由于黄油中的饱和脂肪酸含量较高，还含有胆固醇，若宝宝过多地食用显然不利于健康。市售的黄油多数为人造黄油，人造黄油的反式脂肪酸含量较高，对人体健康危害极大。

巧克力

慎食原因

巧克力和奶酪、红酒一样含有酪胺，这是一种活性酸，过多地食用容易引起头痛。因为此类物质会导致人体产生能收缩血管的激素，而血管又在不停地扩张以抵抗这种收缩，从而引发头痛。巧克力是高脂肪、高热量的食物，过多地食用容易导致小儿肥胖。

棉花糖

慎食原因

棉花糖的含糖量较高，热量较高。过多地食用棉花糖，容易导致体内血糖的调节机制失衡，易导致糖尿病、心血管疾病等，对健康极为不利。市售棉花糖的颜色、种类较多，在加工过程中会加入防腐剂和对人体不利的原料，对宝宝健康造成威胁。

麦乳精

慎食原因

麦乳精不是纯粹的牛奶制品，含有添加剂成分，过多地食用麦乳精，显然对宝宝的健康不利。麦乳精含糖量较高，热量较高，容易导致小儿肥胖，故不宜多食。麦乳精不能当作牛奶长期给宝宝食用，因其营养成分不全面，容易导致小儿营养不均衡、营养缺乏。

软糖

慎食原因

软糖是由白糖和糖浆经过加工制作而成的，热量较高，无其他营养成分。若过多地食用此类食物，宝宝就会因摄入过多热量而产生饱腹感，影响食欲。长此以往，会导致营养缺乏、发育障碍、肥胖等疾病。

糖精

慎食原因

制作糖精的原料主要有甲苯、氯磺酸、邻甲苯胺等，均为石油化工产品。大量摄入糖精易引起急性中毒，对人体健康危害较大，故不宜食用。糖精也叫糖精钠，甜度为蔗糖的450~550倍，除了在味觉上可引起甜的感觉外，对人体无任何营养价值。食用糖精会影响胃肠消化酶的正常分泌，降低小肠的吸收能力，使食欲减退。

果冻

慎食原因

市面上所售的果冻并不是用水果制成的，而是采用海藻酸钠、琼脂、明胶、卡拉胶等增稠剂，加入少量人工合成的香精、人工着色剂、甜味剂、酸味剂等配制而成的。果冻的食品添加剂成分较多，并且没有什么营养价值，长期过多食用，会影响机体对蛋白质及微量元素的吸收，故不宜多食。

罐头

慎食原因

无论是鱼、肉类罐头，还是水果类罐头，为了延长保质期，在制作过程中都添加了防腐剂，若长期食用此类加工食物，对肝脏和肾脏均有损害。在加工过程中，罐头中加入的食品添加剂包括香料、色素、人工调味剂等，这些物质会影响身体的健康，甚至还会因某些化学物质的逐渐积累而引起慢性中毒，故不宜多食。

蜜饯

慎食原因

在蜜饯类食品的加工过程中，水果所含的维生素 C 基本被破坏，此外，加工中所使用的白糖的纯度高达 99.9%，如此之纯的糖除了含有大量热量之外，几乎没有其他营养，食用后，还易导致 B 族维生素和某些微量元素的缺乏。有些蜜饯，如话梅等含盐量过高，过多地食用还容易导致血压升高，对健康不利。

泡泡糖

慎食原因

泡泡糖的主要成分为树胶（胶质）和糖，还有香料等食品添加剂。过量地食用这些食品添加剂，会给孩子的健康带来潜在的危害。嚼食泡泡糖若不加以节制，易使宝宝的咀嚼肌因长时间收缩而变得肥大，或门齿外突，影响脸形美观。在吃泡泡糖时，宝宝容易将其吞下，且不易排出，会给宝宝造成伤害。

果脯

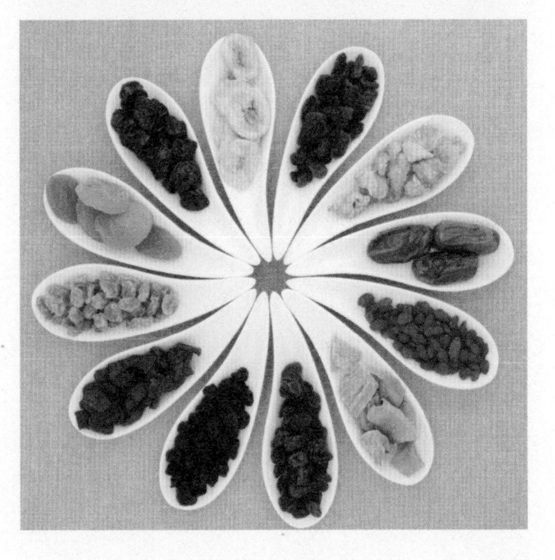

慎食原因

蜜枣脯、胡萝卜脯等果脯也属于腌制品，其中含有亚硝酸盐成分，过多地食用可使人体组织缺氧，出现中毒反应，损害人体健康。果脯是高热量、高糖分、低维生素的食品，经常过多食用，易造成维生素摄入不足、热量摄入过多，从而影响宝宝的身体发育，故不宜多食。

咖啡

慎食原因

咖啡在一定程度上会影响钙质的吸收，也会导致钙质的流失。过多地饮用咖啡，很容易导致宝宝骨骼发育不全，不利于健康。研究证明，咖啡的热量和脂肪含量均较高，长期饮用大量的咖啡，可导致总胆固醇、低密度脂蛋白以及甘油三酯水平升高，从而使血脂过高，诱发高脂血症。

汉堡

慎食原因

有研究报告显示，过多地食用汉堡，会提高哮喘的发病率。汉堡是高脂肪和高热量食物，过多地食用会导致多余的热量转化为脂肪储存于体内，从而导致小儿肥胖，严重影响其身心健康。

奶茶

慎食原因

目前市面上的奶茶多由奶精、色素、香精、木薯粉（指珍珠奶茶）及自来水制成。奶精的主要成分为氢化植物油，是一种反式脂肪酸，过多地食用易造成小儿肥胖。此外，奶茶的添加成分较多，无益于身体健康。奶茶缺少钙质和维生素，蛋白质含量也很低，对宝宝身体健康无益。

浓茶

慎食原因

浓茶中含有浓度较高的咖啡因，可使人心跳加速，血压升高，增加心脏和肾脏的负担。浓茶中含有大量的鞣酸，易和食物中的蛋白质结合生成不容易消化吸收的鞣酸蛋白，从而导致便秘。大量饮用浓茶后，鞣酸与铁质的结合就会更加活跃，易影响宝宝对铁的吸收，引发缺铁性贫血，对宝宝的健康极为不利。

臭豆腐

慎食原因

豆腐在发酵过程中会产生甲胺、腐胺、色胺等胺类物质以及硫化氢，它们具有一股特殊的臭味和很强的挥发性，多吃对健康并无益处。臭豆腐是发酵的豆制食品，发酵前期使用毛霉菌种，发酵后期易受其他细菌污染，其中还可能含有致病菌，因此，过多地食用容易引起胃肠道疾病。臭豆腐也是油炸类食物的一种，其油脂含量高，宝宝多吃无益。

松花蛋

慎食原因

松花蛋就是大家熟知的皮蛋，铅的含量较高。过多地食用松花蛋，容易导致铅中毒。铅具有极强的神经毒性，可损伤大脑和神经，使宝宝智力低下、反应迟钝、多动、注意力不集中、听力下降、学习困难、运动失调等。研究发现，松花蛋的蛋壳上细菌很多，有些可能通过蛋壳的孔隙进入蛋内，对宝宝的健康极为不利。

咸鸭蛋

慎食原因

咸鸭蛋的胆固醇含量非常高，长期过量食用会导致过多的胆固醇沉积于血管内壁，形成脂肪斑块，进而使动脉管腔变得狭窄，对身体健康非常不利。咸鸭蛋的钠含量也非常高，而过量地摄入钠可发生水钠潴留，增加血容量，出现血压升高的现象，增加心脏负荷和肾脏的负担，故不宜多食。

爆米花

慎食原因

长期大量地食用爆米花，容易造成肺部的损伤，易引起呼吸困难和哮喘，严重的甚至危及生命，故不宜多食。爆米机的铁罐内涂有一层含铅的合金，当给爆米机加热时，其中的一部分铅会进入爆米花中，再随着爆米花进入人体。常吃爆米花极易发生慢性铅中毒，造成宝宝食欲下降、腹泻、烦躁、牙龈发紫以及生长发育缓慢等，故不宜过多地食用。

方便面

慎食原因

方便面是一种高热量、高脂肪、高碳水化合物的加工食品。过多地食用方便面，很容易引起肥胖和高血压，故不宜多食。方便面在制作过程中大量使用棕榈油，棕榈油含有的饱和脂肪酸可加速动脉硬化的形成。方便面含钠量极高，食用后可升高血压。此外，方便面还含有食品添加剂和防腐剂，若长期食用，将严重影响人体健康。

薯片

慎食原因

薯片属于膨化食品，其中含有致癌物丙烯酰胺。薯片的口味靠盐、添加剂等调制，食用后易使血压升高，还可能引发其他心血管疾病，对健康造成威胁。薯片的油脂含量极高，此类油脂的主要成分是反式脂肪酸，能增加血液的黏稠度，增加低密度脂蛋白的含量，使血管管腔变窄，不利于健康。

雪饼

慎食原因

雪饼属于膨化食品，是高油脂、高热量、低粗纤维食品，长期大量食用膨化食品会造成油脂、热量摄入过多，粗纤维摄入不足。孩子大量食用膨化食品，会影响正常饮食，导致多种营养素得不到保障和供给，易发生营养不良。膨化食品容易受重金属污染，特别是铅的含量易超标，导致铅中毒。

油条

慎食原因

油条在制作时，需加入一定量的明矾，明矾是一种含铝的无机物。超量的铝会毒害人的大脑及神经细胞，对宝宝的身体健康极为不利。此外植物油在高温下，其所含的必需脂肪酸和脂溶性维生素 A、维生素 D、维生素 E 均遭到氧化破坏，营养价值降低，难以起到补充多种营养素的作用。

油炸花生

慎食原因

花生本身就含有大量的油脂，经过油炸后的花生油脂含量会更高。对于宝宝而言，其胃肠功能较弱，食用后会出现消化不良等症状。油炸花生中还含有促凝血因子，对于有瘀血的宝宝而言，不宜食用。除此之外，油炸类食品不仅没有什么营养，而且危害较多，长期过量食用还容易引发癌变，故不宜多食。

油炸饼

慎食原因

油炸饼经过高温油炸后，食物和油脂中的维生素遭到破坏，降低了食品的营养价值，过多地食用对宝宝健康不利。油炸后，食品表面变硬，有的还被烧焦，食品中的蛋白质被炸焦后，会产生一种较强的致癌物质，常吃这类有毒物质，可能增加胃肠道癌的发病率。油炸类食物含脂肪较多，对于胃肠功能较弱的宝宝而言，吃后不容易消化吸收，容易引起腹胀、腹痛和腹泻。

油炸蚕豆

慎食原因

蚕豆性腻滞，对于宝宝而言，其消化功能较弱，胃气不足，过多地食用此类食物容易出现胀气、腹痛等。蚕豆经过高温烹炸后，其蛋白质成分易变性生成一种致癌物，并且大多数营养成分都已流失。过多地食用不利于身体健康。

麻花

慎食原因

麻花属于油炸食品，跟其他油炸食品一样，热量很高，营养不全面。油炸食品都是经过高温烹炸的，其中丙烯酰胺含量较高。丙烯酰胺是致癌物，对健康不利，不宜多食。

汤圆

慎食原因

汤圆由糯米、芝麻、猪油、白糖等制作而成，其主要成分是糯米。糯米黏度较高，对宝宝而言，胃肠功能较弱，过多地食用不利于消化吸收，对胃肠不利。由于汤圆的含糖量较高，过多地食用容易出现蛀牙，还会引发肥胖，不利于健康。

年糕

慎食原因

在生产制作年糕时，往往会有滥用化学添加剂的现象，如滥用漂白剂、防腐剂、杀菌抗氧化剂等，过多地食用含有此类物质的年糕，对身体健康极为不利。年糕是一种糯米食品，其黏度较高，过多地食用对胃肠不利，不利于消化吸收。对宝宝而言，其消化功能比较弱，过多地食用年糕不利于健康，故不宜多食。

蛋卷

慎食原因

蛋卷特别是巧克力蛋卷，热量和含糖量都比较高，过多地食用高热量食物容易引起小儿肥胖，故不宜多食。蛋卷是由鸡蛋黄和其他配料制作而成的，故其胆固醇含量比较高，过多地食用不利于身体健康。

糯米粽

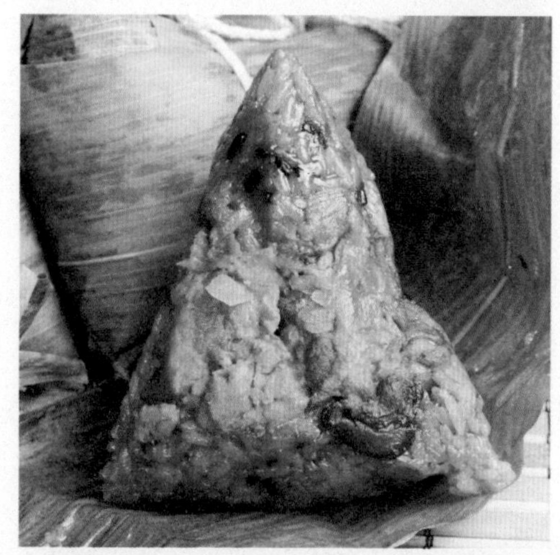

慎食原因

糯米粽由糯米制作而成，糯米的黏度较大。对于宝宝而言，过多地食用不利于消化吸收，对胃肠不利，故不宜多食。此外，吃粽子时，宝宝更偏向于拌糖，过多地食用除了易引发蛀牙外，还易引发小儿肥胖，对宝宝健康不利。在食用糯米粽时，不宜待其凉透食用，否则极易引起消化不良。

虾条

慎食原因

虾条是宝宝爱吃的一种零食，属于膨化食品。膨化食品普遍高盐、高味精，若过多地食用会使孩子成年后易患高血压和心血管疾病。膨化食品不合格产品的主要问题是细菌污染，如大肠菌群超标，这些会导致孩子胃肠不适、腹泻和肝脏受损。

魔芋

慎食原因

魔芋是一种低热量、高纤维的食品，其分子量很大，黏度也很高，食用后容易引起饱腹感。过多地食用会引起胃肠不适、肚子胀、消化不良等胃肠道疾病。魔芋的块茎有毒，过多地食用没煮熟的此类食物，容易造成中毒，对健康不利。魔芋有一部分种类是有剧毒的，经过加工后仍不可食用，故要谨慎购买。

大头菜

慎食原因

大头菜，又被称为芥菜疙瘩，多采用腌渍的方法来制作。腌制食物中含有亚硝酸盐，它能使人体组织缺氧，严重的会使人中毒。亚硝酸盐经过胃酸作用后易转化为亚硝酸胺，是一种强致癌物，故不宜多食。腌渍大头菜，需要加入很多辣酱，而且大头菜本身性温，过多地食用容易上火，刺激胃肠，严重者出现胃肠炎。

芥菜

慎食原因

芥菜是温性食材，适量地食用能化痰止咳、润肺，过多地食用容易上火，从而引发其他相关疾病，如热毒疮痈、便秘等。芥菜味辛，性温，有强烈的刺激性，过多地食用容易刺激胃肠，引起胃肠不适，故不宜多食。芥菜在食用时不能与鲫鱼、鳖肉同食，否则易引起水肿。

芦笋

慎食原因

芦笋中含有草酸成分，草酸会影响人体对钙和锌的吸收与利用，宝宝多吃芦笋不仅会伤胃，还可能因缺锌少钙影响生长发育，故不宜多食。市售的芦笋多数是由工业化肥催熟长大的，过多食用对健康不利。

马齿苋

慎食原因

马齿苋是寒凉性的食物，对宝宝而言，过多食用此类食物，对胃肠的刺激较大，严重者会出现胃肠痉挛等症状，故不宜多食。马齿苋的杀菌、杀虫效果较为明显，过多地食用也会抑制肠道内的正常菌群，导致体内菌群失衡，不利于身体健康，故不宜多食。

刀豆

慎食原因

食用没有煮熟透的刀豆，容易引起中毒，主要表现为恶心、呕吐、腹泻、腹痛、头晕、头痛等，对宝宝健康不利，故不宜多食。过多地食用刀豆，对于胃肠功能较弱的宝宝而言，容易出现胀气、消化不良及食欲不振等现象。

扁豆

慎食原因

扁豆中含有一种内源性有毒成分——皂苷，也叫皂素。皂苷对消化道黏膜有强烈的刺激性，会引起局部充血、肿胀及出血性炎症，以致出现恶心、呕吐、腹泻和腹痛等胃肠道症状。进食贮存时间过久或不够熟透的扁豆，会引起胃肠道症状。过多地食用扁豆，容易引起宝宝腹胀、腹痛等现象，故不宜多食。

香瓜

慎食原因

香瓜性属寒凉，过多地食用容易刺激胃肠，最终引起腹胀、腹痛、腹泻等症状，故不宜多食。在食用香瓜时瓜蒂要去掉，因为瓜蒂有毒，如过多地食用容易导致中毒。香瓜的利尿效果较为明显，过多地食用，对宝宝而言容易出现尿床等现象。在食用香瓜时，不要连皮一起吃，以防止残余的农药附着在表皮，从而对健康不利。

慈姑

慎食原因

慈姑是水生植物，在这些植物所生长的水源受到严重污染的情况下，过多食用此类食物，很有可能患急性胃肠道传染病，如细菌性痢疾、肝炎、急性胃肠炎等。慈姑很容易受致病菌的污染，过多食用此类食物显然是不利的。此外，慈姑是寒凉性食物，过多食用，对胃肠的刺激性较大，故宝宝不宜多吃。

菱角

慎食原因

菱角的生长环境比较复杂，湖、河、池塘、水沟皆适宜其生长，如果菱角所生长的河流被化学工业用品所污染，那么菱角也非常容易被污染。食用被污染的菱角对宝宝的健康成长极为不利。此外，水生植物本来就很容易被细菌所污染，因此过多地食用此类食物，也易引起消化系统疾病。

柿子

慎食原因

柿子的忌讳较多，如不宜与螃蟹、牛奶、茶、醋及酸性食物同食，也不宜空腹食用等，否则易造成腹泻、消化不良，还易引发结石等。柿子是寒性食物，过多地食用对胃肠的刺激性较大，容易造成胃肠道痉挛、腹泻、腹痛等。柿子含有的单宁，易与铁质结合，从而妨碍宝宝对食物中铁质的吸收，贫血的宝宝应少吃。

白果

慎食原因

白果，又被称为银杏，除含有淀粉、蛋白质、脂肪外，还含有氢氰酸。氢氰酸有毒性，一般绿色的胚部毒性最强。过多地食用白果，容易引起中毒，表现为恶心、呕吐、腹痛、腹泻、发热等，严重者会死亡，故不宜多食。白果仁富含油脂，过多地食用，油脂会转化成热量，会使血脂升高，增加以后患高脂血症的概率。

石榴

慎食原因

石榴中含有鞣酸，少量的鞣酸无大碍，鞣酸过多则不宜与含蛋白质及矿物质的海味同吃，否则易引起恶心、腹痛、呕吐等症状。石榴多食会损伤牙齿，还会助火生痰，对宝宝健康不利。石榴是一种酸性食物，不宜空腹食用，如食用不当或过多食用可引起胃酸过多，导致胃炎等病症。石榴核小，易被宝宝吞下，对身体不利。

荔枝

慎食原因

荔枝属热性水果，如果过多地食用会出现口腔溃疡、口腔黏膜发炎、流鼻血等上火症状。过敏的人群食用鲜荔枝后，易出现头晕、恶心、腹痛、腹泻、皮疹和瘙痒等过敏症状。食用过多荔枝还会出现腹胀、频频腹痛等中毒症状；症状重的会出现抽搐、面瘫、四肢瘫痪、心律不齐及血压下降，甚至昏迷等。

榴梿

慎食原因

中国传统医学认为，榴梿性热而滞，过多食用易蕴生内热，可引发和加重头目胀痛、口苦咽干、大便秘结等症状。榴梿的含糖量很高，过量的糖分摄入会在体内转化为内源性甘油三酯，使血清甘油三酯浓度升高。此外，榴梿还含有大量的饱和脂肪酸，可使血液中的总胆固醇含量升高，增高高脂血症的发病率。

桂圆

慎食原因

桂圆多食易导致“桂圆病”，即出现腹泻、流鼻血、口腔溃疡、口腔黏膜发炎、便秘等症状。桂圆肉性温，过多地食用容易导致上火，生痰助热，对宝宝而言不利于健康，故不宜多食。桂圆肉的含糖量较高，过多地食用含糖量高的食物，容易引发肥胖，此外还会导致体内糖代谢紊乱。

人参

慎食原因

由于宝宝属纯阳之体，其阳常有余，阴常不足，人参属甘温之品，若食用过多，易发生呕吐、腹胀、气促、面色潮红、心律失常等症状。一些宝宝服用人参后易出现皮肤瘙痒、嗜睡、药疹、皮肤紫癜等过敏性症状，故不宜食用。人参内含有皂苷，皂苷有促进性腺激素分泌、促进生长、促进蛋白质合成等功效，但过多地食用会促使宝宝性早熟。

肉松

慎食原因

肉松在制作过程中添加了防腐剂，人工添加成分太多，如果长期食用对身体健康极为不利。肉松除了含有猪瘦肉或鱼肉的成分外，还含有糖类及碳水化合物等成分，其热量之高显而易见，过多地食用，易导致小儿肥胖。肉松属于加工肉类的一种，其钠的含量之高是毋庸置疑的，过多食用，易使血压升高，导致高血压。

粉蒸肉

慎食原因

粉蒸肉是由五花肉制作而成的，其瘦肉成分很少，脂肪含量极高。过多地食用粉蒸肉，易导致营养过剩，引发小儿肥胖。粉蒸肉是油腻性食物，过多地食用易导致消化不良等，对宝宝健康不利，故不宜多食。粉蒸肉的油脂含量较高，过多地食用容易增加心血管疾病的患病风险。

豆腐干

慎食原因

豆腐干是风干的豆制品，过多地食用对胃肠的刺激作用较大，并且不利于消化吸收。豆腐干中钠的含量比较高，对肾病、高血压的患者来说，食用后对健康不利，故不宜多食。宝宝的胃肠消化功能相对较弱，过多食用会损其胃肠功能，故不宜多食。

狗肉

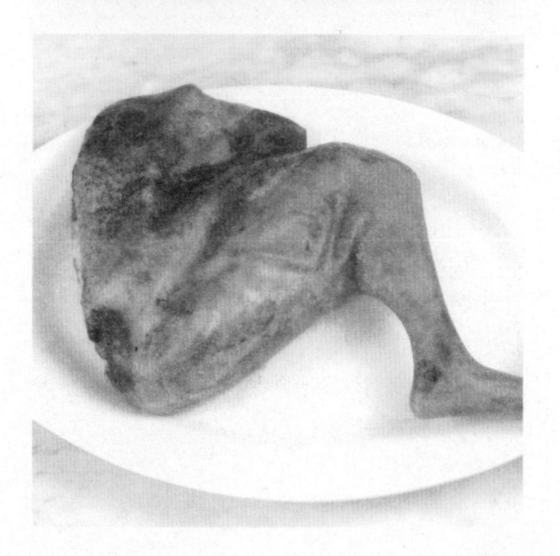

慎食原因

狗肉属于大热、大燥类的食物，过多地食用会助热生痰，引起消化不良。宝宝的消化功能较为低下，过多地食用极易导致便秘，对其健康也是极为不利的。

泥鳅

慎食原因

泥鳅的蛋白质和脂肪含量较高，若过多地食用此类食物，对于消化功能还不健全的小儿而言，极易造成其消化不良，引发腹胀、腹痛等。泥鳅是大温大补类食物，过补反而会对身体健康不利。此外，患高脂血症的人群不宜食用泥鳅。泥鳅以腐植为食，一些重金属可能在其肉内蓄积，宝宝吃了容易造成慢性重金属中毒。

甲鱼

慎食原因

过多地食用甲鱼，人体易产生大量的组胺类物质。对宝宝而言，其肝脏和肾脏的功能还不健全，解毒和排毒的能力还不足以将这种毒素排净，影响健康。甲鱼是寒凉性食物，过多地食用此类食物，容易刺激胃肠，造成消化不良等，故不宜多食。

鱼子

慎食原因

鱼子是高胆固醇、高蛋白质的食物，若过多地食用，不利于消化吸收，而且还会加重肾脏负担。鱼子胆固醇含量极高，过多地食用，容易使血液变得黏稠，易诱发动脉粥样硬化。鱼子虽然很小，但是不易被消化，在烹调中烧煮也很难烧熟、煮透，宝宝吃后容易出现消化不良，甚至造成腹泻，故不宜多食。

螃蟹

慎食原因

螃蟹垂死或已死时，体内的组胺酸会分解产生组胺。组胺为一种有毒的物质，随着螃蟹死亡时间的延长，螃蟹积累的组胺越来越多，毒性越来越大，即使煮熟了，这种毒素也不易被破坏，故死蟹不宜吃。过多地食用螃蟹还容易引起过敏。此外，螃蟹是寒性食物，过多地食用，对胃肠刺激较大，严重者会引起胃肠道痉挛，疼痛无比，故不宜多食。

海蜇

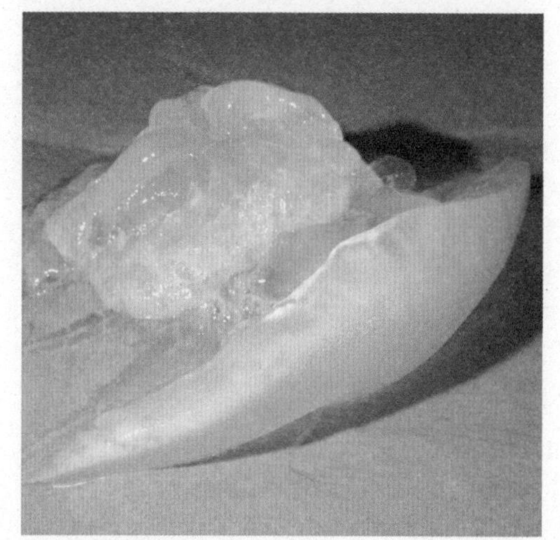

慎食原因

市售的海蜇多数都是经过明矾处理后，再经过盐腌渍而成的。过多地食用含有明矾等化工原料的食品，对健康非常不利。夏季，多数以生拌海蜇丝为主，而海蜇在没经过处理或处理不净时是有毒的。过多地食用此类食物对健康不利，故不宜多食。

河蚌

慎食原因

河蚌中的蛋白质含量较为丰富，过多地食用容易造成消化不良，对宝宝健康不利，故不宜多食。河蚌是寒凉性食物，过多地食用对胃肠的刺激作用较大，易引起腹痛、腹胀等病症。河蚌是水生动物，容易被寄生虫感染，食用没有煮熟或处理不干净的河蚌，易对宝宝的健康造成损害。

田螺

慎食原因

田螺中含有极为丰富的蛋白质，一次食用过多，容易引起消化不良，出现腹胀、腹泻等不适症状。此外，田螺体内寄生虫较多，容易感染宝宝，故需慎食。

第四章

30 种宝宝常见病饮食宜忌

本章列举了 3-6 岁宝宝常见的 30 种疾病，包括小儿感冒、小儿厌食、小儿贫血、小儿遗尿等。对每种疾病概括介绍了其病理病因、主要症状等，方便家长对照及判断。还介绍了每种疾病的对症食疗餐，以及患有此种疾病的宝宝适宜和禁忌吃的食物。阅读本章，有利于学习如何通过饮食对 3-6 岁宝宝常见疾病进行预防与调养。

小儿感冒

小儿感冒是指小儿喉部以上，上呼吸道的急性感染，多以病毒为主，主要症状有鼻子堵塞、流鼻涕、咳嗽、咽喉痛、发热、疲倦等。此病全年均可发生，气候骤变及冬春时节发病率较高，任何年龄的小儿皆可发病，婴幼儿及3–6岁宝宝较为常见，潜伏期一般为2~3天，可持续7~8天。

对症食疗餐

1 鳕鱼鸡蛋粥

鳕鱼肉30克，大米、土豆、上海青各20克，鸡蛋黄1个，食用油、高汤各适量。大米洗净，加水浸泡后磨成米浆；土豆洗净去皮剁碎；鳕鱼肉洗净，蒸熟剁碎；上海青洗净，汆熟剁碎。锅入油，放鳕鱼肉、土豆、上海青稍炒，入米浆和高汤熬煮，放入鸡蛋黄煮熟即可。此粥富含维生素A、维生素D等，对因感冒引起的消化不良有很好的辅助调理作用。

2 橘子稀粥

大米10克，新鲜橘子30克。先将橘子剥皮，取2瓣切碎，入榨汁机中榨汁，稍微加热，备用；大米洗净后，入锅，加80毫升温水熬煮。粥熬煮好后，将橘子汁用纱布过滤后倒入粥中，搅拌均匀，即可喂宝宝食用。此粥富含蛋白质、维生素C、维生素B_1以及微量元素，能增强体质，提高免疫力，促进新陈代谢。

宜 宝宝感冒时最好吃易消化、高营养的食物，如豆腐、鱼肉、鸡蛋、乳制品；多吃营养丰富的蔬菜，如南瓜、小白菜、西蓝花等。

宝宝感冒后应少吃凉性的蔬菜和水果，如冬瓜、梨、西瓜；同时，瓜子、巧克力等零食也应少吃或不吃。辛辣食物应禁吃。

小儿咳嗽

小儿咳嗽是一种防御性反射运动，可以阻止异物吸入，防止支气管分泌物的积聚，清除分泌物，避免呼吸道继发感染。任何病因引起的呼吸道急慢性炎症均可引起咳嗽，如急性上呼吸道感染、鼻炎、鼻窦炎、哮喘、异物吸入等，应辨明病因，对症治疗。

对症食疗餐

1 百合雪梨饮

鲜百合50克（或干百合，酌情减量），梨1个，冰糖适量。梨去皮、核，切成小块；百合剥开洗净，削去黑边。将百合、梨放入碗中，加适量冰糖，隔水蒸熟即可。风热咳嗽的患儿痰黏稠、不易咳出，有咽痛、舌苔黄等症，适合饮用百合雪梨饮，可清热、止咳、化痰。

2 南瓜红枣羹

鲜南瓜300克，红枣30克，红糖适量。南瓜去皮，切大块，同红枣一起上锅蒸熟；红枣去皮，同南瓜一起碾压成泥，拌入适量红糖即可。南瓜润肺益气、化痰消炎，富含多种维生素，蒸食维生素损失最少，适合久咳气虚的宝宝食用。

宝宝咳嗽期间应注意饮食清淡，以易消化且营养丰富的食物为主，如富含维生素的新鲜水果、绿叶菜、黑木耳、蘑菇等；也可适当吃清肺、止咳、化痰的食物，如萝卜、冬瓜、丝瓜、梨等。

禁食辛辣、刺激性食物，如辣椒、花椒等；忌食肥甘滋腻的食物，如糖果、巧克力、肥肉、油炸食品等；忌食酸涩、收敛性的食物，不利于宣泄肺气，如柠檬、李子、石榴等。

小儿鼻窦炎

一个或多个鼻窦发生炎症称为鼻窦炎。鼻窦炎可分为急性鼻窦炎、慢性鼻窦炎两种。急性鼻窦炎多由上呼吸道感染引起，细菌与病毒感染可同时并发。慢性鼻窦炎常为多个鼻窦同时受累。小儿鼻窦炎常见症状有发热、咳嗽、鼻塞、流脓性鼻涕、呼吸有臭味、头痛、慢性中耳炎等。

对症食疗餐

1 黑木耳菜心

水发黑木耳、油菜心各200克，高汤、姜末、水淀粉、盐、油各适量。水发黑木耳泡发洗净；油菜心用高汤、盐汆熟，捞起码放在盘中；热油爆香姜末，放黑木耳炒熟，倒在油菜心上；另起锅，放入高汤，加盐、水淀粉勾芡，淋在黑木耳和油菜心上。此菜富含维生素、膳食纤维和多糖类物质，有助于提高鼻窦炎患儿的免疫力，辅助治疗鼻窦炎。

2 拌菠菜

菠菜200克，熟瓜子仁、熟花生仁各50克，西红柿少许，醋6毫升，生抽10毫升，盐3克，鸡精1克。菠菜洗净，切段；西红柿洗净，切片。锅内加清水和适量盐，煮沸将菠菜段焯熟，捞起沥干并装入碗中，再放入熟瓜子仁、熟花生仁，加盐、鸡精、醋、生抽拌匀后，撒上西红柿片即可。此菜含丰富的维生素和矿物质，有助于消炎抑菌。

宜 宜多吃富含维生素A、B族维生素、维生素C，以及有抗菌消炎作用的食物，如杂粮、豆类、坚果、猕猴桃、菠菜、油菜、菌菇类。

禁食辛辣刺激性食物及过咸食物，如辣椒、芥末、咖喱、咸菜、咸鱼等，冰淇淋等冷食也应忌吃。

小儿变应性鼻炎

小儿变应性鼻炎是一种由吸入外界致敏原而引起的以鼻痒、打喷嚏、流清涕、交替性鼻塞等为主要症状的疾病。一般是在气候改变、早上起床或空气中有粉尘时发作，持续10~20分钟，一天之中可能间歇出现。小儿变应性鼻炎如未及时治疗，病情会逐年加重，并引起支气管炎、中耳炎等许多并发症。

对症食疗餐

1 杏鲍菇鸡丝鸽蛋汤

鸽蛋10个，杏鲍菇、鸡脯肉、高汤、葱花、姜末、料酒、水淀粉、盐、油各适量。鸽蛋煮熟去壳；杏鲍菇切薄片；鸡脯肉切丝，用料酒、盐稍腌。热油煸香葱花、姜末，放入鸡丝炒散，添高汤煮沸，加杏鲍菇和鸽蛋，煮熟调味，水淀粉勾芡即可。此汤可促进3-6岁宝宝大脑发育，调节免疫力，辅助治疗变应性鼻炎。

2 胡萝卜丝猪肝汤

猪肝300克，胡萝卜半根，姜、葱、料酒、盐、食用油各适量。猪肝反复洗净，切片，汆烫沥干；胡萝卜、葱、姜均洗净切丝。热油爆香葱、姜丝，放入猪肝、料酒翻炒，添适量清水煮沸，放入胡萝卜丝煮熟，调味即可。此汤含丰富的维生素和钙、铁等矿物质，可以促进宝宝免疫系统发育，有效防治变应性鼻炎。

宜 宜吃富含B族维生素、维生素C的食物，如糙米、新鲜蔬菜和水果；宜多吃富含维生素A的食物，可调节免疫系统功能，如胡萝卜等。

禁食辛辣、过酸、过咸、油腻的食物，如辣椒、咸菜、油炸食品、肥肉等；禁食曾引起过敏及易引起过敏的食物；少食生冷、寒凉食物。

小儿扁桃体炎

扁桃体炎是儿童时期的常见病，4~6 岁为发病高峰期。急性扁桃体炎是由于病原体入侵引起，患儿的感染症状很明显，高热可达 39~40℃，伴有寒战、全身乏力、头痛及全身痛、食欲不振、恶心和呕吐。扁桃体一年急性发作达 4 次及以上，可诊断为慢性扁桃体炎，多由扁桃体隐窝内存在病原体所引起。

对症食疗餐

1 野菊甘草汤

野菊花、炙甘草各 5 克，洗净，加适量水煎服，每日 1 剂，分 2 次服用。炙甘草可清热解毒、润肺止咳、抗炎抗过敏，能保护发炎的咽喉和气管黏膜，对痰热咳嗽、咽喉肿痛很有效。野菊花可清热解毒、疏风平肝，能治疗疔疮痈肿、咽喉肿痛、头痛眩晕等。炙甘草与野菊花搭配使用，消肿、止痛、利咽效果更强。

2 西红柿炖豆腐

西红柿 1 个，豆腐 200 克，葱花、高汤、生抽、盐、食用油各适量。西红柿用沸水稍烫，去皮，切块；豆腐洗净切块。锅内放少许油，爆香葱花，放入西红柿翻炒，待西红柿变软放入豆腐、高汤，加生抽、盐调味，炖至豆腐熟即可。此菜可口美味，富含蛋白质且易于吞咽，适合食欲不振、吞咽困难的扁桃体炎患儿。

应给予清淡、易消化且富含维生素的流食或软食；宜食用可清热消炎的食物及富含维生素 C 的食物，如冬瓜、西红柿、猕猴桃。

禁食辛辣、过咸、过酸、辛温燥热的刺激性食物，如辣椒、咸菜、蒜、羊肉、狗肉、生姜、韭菜、榴梿等。

小儿肺炎

小儿肺炎是儿科常见病，多见细菌感染引起的小叶性肺炎，其次是病毒引起的间质性肺炎、肺炎链球菌引起的大叶性肺炎。症状为高热、刺激性干咳伴痰鸣音、呼吸浅表增快及烦躁不安、食欲不振等。小儿肺炎如拖延治疗，病情会加重，可出现心力衰竭、呼吸衰竭、气胸、缺氧性脑病、酸中毒等重症。

对症食疗餐

1 百合粥

大米 80 克，鲜百合 100 克，牛奶、冰糖各适量。鲜百合洗净、剥开、切丁。大米加适量清水煮粥，待米粒熟软，倒入牛奶和百合，煮至粥成加冰糖搅拌溶化即可。此粥具有养阴润肺、清热安神、补脾胃的功效，对于阴虚肺燥、高热、烦躁、痰多气喘的肺炎患儿有辅助治疗效果。

2 杏仁桑白皮粥

大米 100 克，桑白皮 15 克，姜、杏仁各 6 克，红枣 5 颗，牛奶适量。杏仁洗净碾碎；红枣洗净去核，同洗净的桑白皮、姜一同水煎取汁。用药汁同大米、杏仁煮粥，将熟时加入牛奶，煮至粥成即可。此粥可宣肺止咳、降气平喘、发散风寒、补益脾胃，可辅助治疗风寒闭肺、发热怕冷、无汗、痰白型小儿肺炎。

应给予高维生素、高蛋白、易消化且有利于宣肺清热的半流质食物，伴有高热的孩子应多饮水，多食如大米、小米、瘦肉等食物。

禁食辛辣刺激性、过咸、油腻、生冷食物，如辣椒、芥末、咖喱、咸菜、咸鱼、油炸品、肥肉、冷饮和冰镇水果等。

小儿急性化脓性中耳炎

急性化脓性中耳炎是由细菌感染引起的中耳道急性化脓性炎症。多表现为耳痛、耳内流脓、鼓膜充血、穿孔、发热、听力减退。若治疗及时，分泌物引流通畅，炎症消退后鼓膜穿孔多可自行愈合，听力大多能恢复正常。治疗不当或病情严重者，可遗留鼓膜穿孔、中耳粘连、鼓室硬化或转变为慢性化脓性中耳炎。

对症食疗餐

1 白菜薄荷芦根汤

大白菜叶4片，胡萝卜半根，芦根10克，薄荷3克，香油、盐各适量。将芦根、薄荷洗净，煎水取汁；大白菜叶、胡萝卜洗净切小块，用药汁煮至熟软，加香油、盐调味即可。此汤可疏风清热、生津利咽，又富含维生素，适合耳内疼痛剧烈、发热、口苦咽干、小便赤黄、大便秘结的患儿食用，有助于疏风、清热、消炎。

2 荠菜炒鸡蛋

荠菜200克，鸡蛋2个，生抽、植物油、盐各适量。荠菜洗净切段，用沸水汆熟；鸡蛋打入碗中，加适量盐搅打成蛋液。锅内放适量植物油，烧至六成热时倒入蛋液，炒至凝固时倒入荠菜翻炒，加生抽、盐调味，炒匀即可。此菜可清肝泻火、解毒止痛，可辅助治疗小儿急性化脓性中耳炎。

应给予富含维生素且易于吞咽、消化的食物，如大米、小米、瘦肉、鸡蛋等；宜多食富含维生素的水果蔬菜，如西红柿、冬瓜、芹菜等。

禁食辛辣刺激食物，如辣椒、姜；禁食辛温燥热及温补的食物，如羊肉、韭菜等；少食高蛋白的海鲜水产，不利于退热，如螃蟹、牡蛎等。

小儿营养不良

小儿营养不良是指由于摄入食物的质量不足导致宝宝健康状况不佳，或不能维持正常的生长发育、合适的体重和身体营养构成。原发性营养不良多由喂养不当导致，包括膳食摄入量不足、热量和（或）特殊营养素缺乏；继发性营养不良是患儿对营养物质的吸收利用障碍，包括胃肠道功能紊乱、消耗性疾病等。

对症食疗餐

1 山药炒肉片

山药、猪里脊肉各200克，水发黑木耳50克，红甜椒1个，生抽、淀粉、盐、食用油各适量。猪里脊肉切片，用生抽、淀粉抓匀；山药去皮洗净切片；水发黑木耳撕小朵；红甜椒切块。热油锅将肉片炒熟，盛出，倒入山药、黑木耳、红甜椒炒匀，倒入肉片、盐炒匀即可。此菜可健脾和胃，补充营养，提高免疫力。

2 虾仁蒸豆腐

豆腐100克，鸡蛋1个，虾仁30克，葱末、盐各少许。虾仁剁碎；豆腐切块，用沸水稍煮，沥干碾碎。鸡蛋打入碗中，搅打成蛋液，倒入豆腐和虾仁、葱末、盐，搅拌均匀，盖上保鲜膜，大火蒸熟即可。此菜含有丰富的优质蛋白质、卵磷脂、不饱和脂肪酸、钙，可促进宝宝生长发育，纠正营养不良。

宜 饮食应清淡适口、易消化；应粗细粮搭配，适当吃粗粮、豆类，保证淀粉和维生素的充足；常吃瘦肉、鸡蛋、鱼、新鲜水果和蔬菜。

忌 禁食辛辣刺激性食物；禁食咸菜、腌菜，其中含有大量的亚硝酸盐，且营养价值很低；少食油炸、坚硬且不易消化的食物。

小儿单纯性肥胖

小儿单纯性肥胖可见于小儿的任何年龄，病因为热量的摄入大于热量的消耗，即营养过剩。患儿食欲极佳，进食量大，喜食肥甘食品，懒于活动；外表肥胖高大，体重超过同龄儿，身高、骨骼都在同龄儿的上限。单纯性肥胖可造成人体某些器官、系统出现功能性损伤，造成活动能力和体质下降，还可对宝宝心理造成一定影响。

对症食疗餐

1 虾仁鸡蛋羹

鸡蛋2个，虾仁50克，牛奶、盐各适量。虾仁去肠泥洗净，切碎；鸡蛋打入碗中，加适量盐打散。在蛋液中加适量牛奶，倒入虾仁，上锅蒸熟即可。鸡蛋和虾仁富含优质蛋白质、不饱和脂肪酸和卵磷脂，但脂肪含量较低，且易消化吸收，适合肥胖宝宝食用。

2 牛肉南瓜粥

大米、南瓜、牛肉各50克，高汤、盐各适量。牛肉洗净切块，汆烫，剁碎；大米洗净浸泡；南瓜去皮、籽，蒸熟切块。大米加高汤熬粥，待米粒熟软，放入牛肉和南瓜煮熟，加盐。牛肉富含优质蛋白质和B族维生素，南瓜有较强的饱腹感，但热量并不高，适合肥胖患儿食用。

多吃富含维生素的食物，如芹菜、西红柿等；多吃富含优质蛋白质而脂肪含量较低的食物，如瘦肉、鱼肉、豆制品等；适量摄取富含淀粉的主食，如米饭等，常吃粗粮。

对于单纯性肥胖的儿童，应注意饮食热量的控制，三餐规律，少吃零食；禁食高热量、高脂肪食物，如肥肉、油炸食品、巧克力、奶油蛋糕、冰淇淋等。

小儿厌食

小儿厌食是以小儿长期厌恶进食、食量减少为主要表现的慢性消化功能紊乱综合征。常见原因包括：喂养不当，饮食结构不合理；功能性消化不良，胃肠动力不足，消化道溃疡或肠炎；药物造成的消化道不适和肠道菌群紊乱，恶心、呕吐、腹胀；锌元素缺乏或激素分泌不足；气候影响，如天气炎热造成食欲不振等。

对症食疗餐

1 猪肚粥

猪肚100克，大米100克。猪肚反复洗刷干净，用沸水汆烫至熟，待凉后切丁。大米加适量水煮粥，米粒熟软放入猪肚，同煮至粥成。猪肚含丰富的矿物质和维生素，可健脾和胃、补益虚损，适合脾胃功能弱、消化不良、食欲不振的宝宝食用。

2 白萝卜炖排骨

白萝卜500克，猪排骨250克，葱段、姜片、盐各适量。猪排骨斩块，汆烫沥干；白萝卜洗净切块。猪排骨和葱段、姜片添适量清水，煮至肉骨脱离，挑出葱、姜，放入白萝卜、盐，炖至白萝卜熟透即可。白萝卜可宽中下气、消食化痰，猪排骨能补益脾胃，辅助治疗小儿厌食。

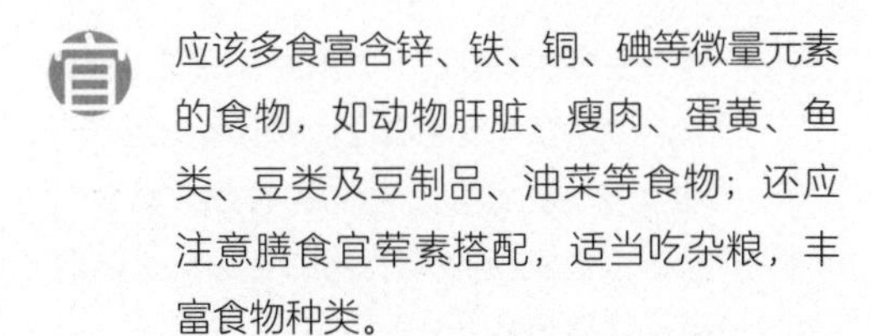

宜 应该多食富含锌、铁、铜、碘等微量元素的食物，如动物肝脏、瘦肉、蛋黄、鱼类、豆类及豆制品、油菜等食物；还应注意膳食宜荤素搭配，适当吃杂粮，丰富食物种类。

忌 禁食高热量的零食，如巧克力、糖果、饮料；禁食辛辣刺激食物，如辣椒、花椒；少食油炸、烧烤和肥腻的食物，如炸鸡、肥肉等。

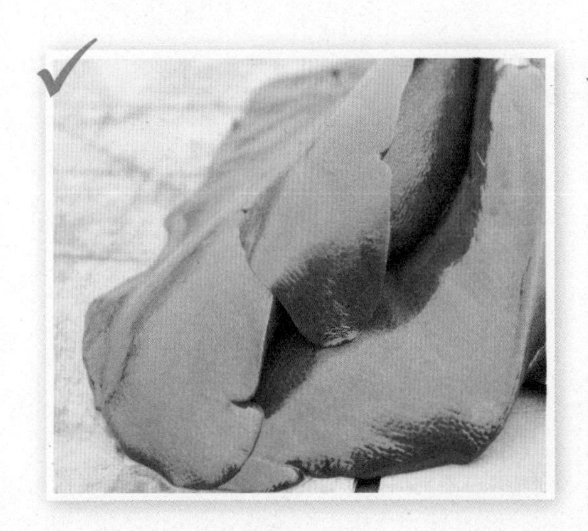

小儿疳积

小儿疳积是疳症和积滞的总称。疳症是指由喂养不当，使小儿脾胃受伤，继而影响生长发育的病症，相当于营养障碍的慢性疾病。积滞是由乳食内积，脾胃受损而引起的胃肠疾病，临床以腹泻或便秘、呕吐、腹胀等消化不良症状为常见。患儿舌苔白腻且厚，口气有酸腐味。

对症食疗餐

1 糖炒山楂

山楂、红糖各适量。将山楂洗净去核；红糖放入锅中，以小火炒化，然后再加入山楂炒至山楂熟透，并有酸甜味道散发出来即可。本品能健胃消食、理气散瘀，疳积患儿食用后，可促进消化吸收，减轻腹胀等消化不良症状。

2 沙参玉竹老鸭汤

沙参 15 克，玉竹 15 克，老鸭 500 克，葱、姜、盐各少许。将老鸭宰杀，去内脏，切成大小适当的块，洗净。将老鸭块放入锅中，加沙参、玉竹与适量清水同煮，再加入少许姜、葱、盐调味。待食材煮熟后吃鸭肉喝汤。本品可滋阴养胃、清热生津，适合疳积患儿食用。

宜食可消积导滞、健脾补胃的食物，如山楂、山药、松子仁等；宜多吃新鲜的水果和蔬菜，如生菜、甜椒、西蓝花、菜花和黄豆芽等；宜食可提高自身代谢能力的食物，如瘦肉、菌菇类等。

禁食生冷的食物，如冰淇淋、冷饮、碳酸饮料；禁食辛辣刺激性食物；禁食易产气的食物，如红薯，会加重腹胀；禁食烧烤、煎炸和坚硬难消化的食物；少吃零食，规律用餐。

小儿腹泻

小儿腹泻主要表现为大便次数增多，排稀便和水、电解质紊乱，以夏秋季节最为多见。夏季腹泻通常是由细菌感染所致，多为黏液便；秋季腹泻多由轮状病毒引起，以稀水样便多见，无腥臭味。通常分为肠道内感染引起的肠炎及由肠道外感染、饮食和气候环境影响引起的消化不良。

对症食疗餐

1 牛肉糯米粥

大米50克，糯米40克，牛肉100克，核桃粉20克，盐适量。将大米、糯米洗净，加适量水浸泡；牛肉加适量清水煮熟后剁碎。大米和糯米同煮，待米熟时放入牛肉、核桃粉，煮至黏稠，加少许盐调味即可。本品有助于补充热量和蛋白质，健脾止泻，缓解腹泻等症状。

2 蒸鱼肉豆腐

鸡蛋1个，鲜鱼肉、豆腐各100克，高汤适量。鲜鱼肉洗净，蒸好后，去除鱼刺；豆腐洗净，汆烫一下，切丁。鸡蛋打散，加入高汤、鱼肉、豆腐拌匀，最后放入蒸笼里蒸熟即可。适合腹泻恢复期食用，能提供丰富的蛋白质和维生素，促进患儿消化系统功能恢复。

宜食少渣、易吸收、高热量的食物，如藕粉、米糊、软面条等；宜食能够给患儿补充维生素和矿物质的食物，如胡萝卜、南瓜、豆腐、小米、大米、糯米、山药和牛肉。

应忌食高纤维、不易消化、过酸、过咸和辛辣刺激性的食物，性质寒凉的食物和冷饮，如菠萝、柚子、柠檬、西瓜、橘子、梨、菠菜、竹笋、茭白、豆芽和辣椒等也应忌食或少食。

小儿痢疾

细菌性痢疾是由痢疾杆菌引起的肠道传染病。通常起病较急，体温为39~40℃，伴有恶心、呕吐、腹痛、腹泻症状。每日大便10~20次，初为稀便或呈水泻，继而呈脓血便，左下腹压痛伴肠鸣音亢进，里急后重明显。本病急性期一般数日即愈，少数患者病情迁延不愈，发展成为慢性细菌性痢疾，反复发作。

对症食疗餐

1 猪肝香菇粥

大米50克，小米30克，猪肝100克，香菇3朵，盐适量。将猪肝洗净切成小片，用适量盐腌渍；香菇洗净去根切丁。大米、小米加清水同煮成粥，粥将熟时放入猪肝和香菇，煮至粥呈黏稠状时加少许盐调味即可。本品营养丰富且易于消化，有助于补充热量和蛋白质，对患儿恢复体力很有帮助。

2 鱼丸面

鱼肉200克，油菜1棵，鸡蛋面、姜末、淀粉、盐各适量。鱼肉去骨，切块，放入搅拌机打成泥，倒入碗中，加姜末、淀粉、盐，搅拌均匀上劲，团成丸子备用。沸水锅下入鸡蛋面，待面变软放入鱼丸，将熟时放油菜叶，调味煮熟即可。鱼丸面易于消化，有助于补充热量和蛋白质，恢复患儿体力。

稍好转后给予糖盐水和无油流质食物；病情好转，可进食少渣、易消化的半流质食物，如米粥等；恢复期可给予易消化、高营养的食物。

忌食多渣、不易消化的食物，如芹菜等；忌食油腻、过甜、过咸、辛辣刺激性、寒凉的食物，如五花肉、蛋糕、巧克力、冷饮。

小儿便秘

定义为排便次数每周少于3次，排便时间长且排便困难，有排便不尽感，粪便性状改变，粪便干结。其发病原因包括：饮食结构不平衡，造成消化不良、食物残渣在肠道中停滞时间过久；没有定时排便的训练或突然环境改变；腹肌及盆腔张力不足，排便推动力不足；营养不良、体弱、活动过少或结肠冗长等。

对症食疗餐

1 排骨蔬菜汤

猪排骨500克，白菜、西蓝花各200克，胡萝卜1根，葱段、姜片、盐各适量。猪排骨斩块，汆烫；白菜、胡萝卜洗净切块；西蓝花切小朵，汆熟。猪排骨同葱段、姜片入汤锅，炖30分钟，放白菜、胡萝卜煮熟，放西蓝花，加盐即可。此汤可润肠通便，可提供丰富的营养素，促进胃肠蠕动，治疗便秘。

2 糙米粥

糙米30克，大米30克，黑芝麻20克，甜杏仁10克，冰糖适量。将大米、糙米淘洗干净，用适量清水浸泡。将处理干净的所有材料放入锅中，加适量清水，煮至粥熟，再加适量冰糖调味即可。糙米含有丰富的膳食纤维和B族维生素，可促进排便，防治小儿便秘。

宜多喝水，多吃膳食纤维含量丰富的食物，如糙米、燕麦、玉米、芹菜、韭菜、南瓜、海带、苹果、豆类及豆制品等。

忌食辛辣、燥热、刺激性的食物，如辣椒、胡椒粉、浓茶、芥末等；忌食有收敛作用的食物，如芡实、山楂等。

小儿贫血

贫血主要表现有面色苍白，嘴唇、指甲颜色变淡，呼吸、心率增快，食欲下降，恶心，腹胀，便秘，精神不振，注意力不集中，情绪易激动。年长患儿还会出现头痛、头晕、眼前有黑点。小儿贫血的原因最常见的是营养缺乏性贫血，因偏食或喂养不当，日常食物中缺少造血所必需的铁、维生素 B_{12}、叶酸等营养物质所致。

对症食疗餐

1 香菇牛肉粥

大米100克，牛肉50克，香菇、南瓜各20克，牛骨汤、香油、盐各适量。牛肉剁碎，加入香油、盐抓匀腌渍；香菇、南瓜切丁。大米加牛骨汤煮至米粒变软，放入牛肉、香菇、南瓜，待熟加盐调味即可。此粥可补脾胃、益气血，防治贫血。

2 菠菜猪肝汤

猪肝、菠菜各300克，料酒、盐各适量。菠菜洗净，切段，焯熟捞出；猪肝切薄片，用料酒、盐腌渍。锅中加水煮沸后放入猪肝和菠菜，煮至猪肝熟，调味即可。猪肝和菠菜都富含铁，且较易被人体消化吸收，可有效防治小儿贫血。

应多吃富含血红素铁的食物，如动物肝脏、血制品、红肉；宜吃含维生素C的食物，有利于促进铁吸收，如橙子、柠檬、樱桃；宜多吃菌类，如黑木耳、蘑菇，可促进造血系统功能。

禁食富含草酸、鞣酸的食物，如浓茶、柿子、李子等；鞣酸含量高的蔬菜，应彻底汆熟再食用，如菠菜、芹菜、胡萝卜、西蓝花等；禁食油腻、不易消化的食物，如肥肉、烧烤食品、油炸食品等。

小儿汗症

小儿汗症指的是汗液外泄失常的一种病症。宝宝经常安静坐着而无故出汗，运动则加重者为“自汗”。睡则出汗、醒来即止称为“盗汗”。出汗部位不局限于头部和手脚，自颈部至肚脐、后背都可出汗。全身多汗常因肺气不足、外感风邪、阴精亏虚、湿热内盛所致，半身多汗可能为神经系统损伤或占位性病变。

对症食疗餐

1 红枣太子参茶

红枣5颗，太子参5克，茶叶3克。将太子参、红枣、茶叶洗净，沥干备用。将太子参、红枣放入洗净的锅中，加入适量清水，煮15分钟左右后，放入准备好的茶叶，泡开，稍凉即可饮用。本品具有益气滋阴、敛汗固表的功效，尤其适宜气虚型自汗、盗汗的患儿饮用。

2 黑豆核桃粉

核桃仁30克，去芯莲子30克，黑豆15克，山药15克。将四种材料同煮成粥，或者打成细粉，煮成糊食用。可健脾养肺、滋阴养肾，适用于夜间盗汗、睡眠不安稳、多梦，面部、嘴唇红，下午手足心发热、易怒、便秘的宝宝。

小儿汗症的食疗原则是益气养阴，因此汗症患儿可以多吃一些益气养阴功效较好的食物，如糯米、小麦、红枣、核桃、莲子、山药、百合、党参、苹果和黄芪等。

小儿自汗，平时应少吃耗气的食物，如萝卜、山楂等；小儿盗汗，应少吃辛辣燥热的食物，如油炸食品、狗肉、韭菜等。

小儿痱子

痱子是因小汗腺导管闭塞导致汗液潴留而形成的皮疹。治疗痱子最有效的方法是将患儿置于凉爽的环境中。应注意室内通风、散热，不要带孩子去气温高、湿度大的地方。孩子的衣物应宽松、勤洗勤换，用温水洗澡，可外扑痱子粉，也可外用炉甘石洗剂。脓痱可外用抗菌药膏，严重时应在医生指导下用抗生素药物。

对症食疗餐

1 三豆汤

绿豆、赤小豆、黑豆各10克，薏米20克，冰糖适量。将三种豆和薏米洗净，用清水充分浸泡，入锅加适量水煮至熟烂，加冰糖调味即可。此汤可清热解毒、健脾利湿，适合宝宝夏季饮用，不仅可以祛痱，还可清解胃热、促进消化、增进食欲。

2 双菇鸡肉粥

大米、白灵菇、香菇各50克，鸡脯肉200克，盐、酱油、食用油各适量。将香菇、白灵菇、鸡脯肉分别切丝。热油锅，将鸡肉加适量酱油翻炒至熟，转倒入砂锅中，加适量清水、大米煮至黏稠，放入白灵菇、香菇煮熟，加盐调味即可。可促进新陈代谢，缓解小儿痱子的症状。

宜多吃新鲜蔬菜、水果，这些食物中含有丰富的维生素，可减少皮肤的过敏反应；宜适量吃清热解毒的食物，如西瓜、冬瓜、绿豆、海带等。

禁食辛辣食物，如辣椒、生姜和蒜；禁食燥热食物，如羊肉、韭菜、榴梿、荔枝等；慎食鱼、虾、蟹等发物，因其含较多组胺，可能加重皮疹反应。

小儿口疮

口疮，也称口腔溃疡，多发生在舌部、颊黏膜、软腭等处，大小可从米粒至黄豆大小、呈圆形或卵圆形，溃疡面下凹，周围充血。吃过热、过硬的食物，或擦洗口腔时用力过大等，都可损伤口腔黏膜而引起发炎、溃烂。小儿患上呼吸道感染、发热及受细菌和病毒感染后，口腔不清洁，黏膜干燥，也可引起口疮。

对症食疗餐

1 薏米绿豆汤

薏米60克，绿豆60克，炙甘草6克。将薏米、绿豆清洗干净，放入适量清水中浸泡一段时间，然后将二者捞出，与清洗干净的炙甘草一起加适量清水，放入锅中煮熟，然后捞去炙甘草即可饮用。本品具有清热解毒的功效，可以促进溃疡的愈合。

2 西红柿西瓜皮汁

西红柿1个，西瓜皮200克，白糖适量。西红柿用沸水稍烫后剥皮，切块；西瓜皮去绿皮，切块。将西红柿和西瓜皮放入搅拌机，添适量凉开水和白糖，搅打均匀即可。西瓜皮可以清热解暑，治疗口疮和咽喉肿痛，西红柿富含维生素C，二者同用有益于促进溃疡面的愈合。

应选择口味清淡、无刺激性的流食或半流食；宜选择富含优质蛋白质和B族维生素、维生素C的食物，如动物肝脏、鱼类、鸡蛋、西瓜、香蕉和西红柿。

禁食坚硬、不易咀嚼吞咽的食物，如锅巴、果仁等；禁食辛辣刺激性食物，如辣椒、生葱等；禁食燥热食物，如羊肉、榴梿、桂圆等。

小儿水痘

小儿水痘是宝宝常见的病毒性传染病，以发热及成批出现周身性红色斑丘疹、疱疹、痂疹为特征。发病前1~2天直至皮疹干燥结痂期的患儿均有很强传染性。水痘预后一般良好。痂脱落后大多无瘢痕，但在痘疹深入皮层以及有继发感染的情况下，可留有浅表瘢痕，通常出现在前额与颜面，应避免患儿抓挠痘疹。

对症食疗餐

1 金银花甘蔗茶

金银花10克，甘蔗适量。将甘蔗削去外皮，清洗干净，切成大小适当的块，入锅加适量水煎汁，备用。将金银花洗净，入锅加适量水煎至100毫升。取100毫升甘蔗汁兑入金银花汁中混匀，代茶饮用。本品适合水痘患儿饮用。每天1剂，7～10天为1个疗程。

2 红豆薏米粥

大米100克，红豆30克，茯苓30克，薏米20克，冰糖适量。红豆洗净泡4小时；茯苓、薏米、大米洗净泡发。所有材料放入锅中，添适量清水，同煮至熟烂加冰糖调匀即可。适合水痘已发、低热、小便赤黄、疲劳烦躁的患儿食用。

宜食用易于消化、营养丰富的流质或半流质食物，如鸡蛋面、面片、粥等；宜食具有清热解毒、疏风祛湿功效的食物，如薏米、绿豆、甘蔗汁、金银花、马蹄和茯苓等。

禁食生冷食物，如雪糕、冷饮；禁食辛辣、过酸、过咸的食物，如辣椒、生葱等；出疱疹期间不应大量食用可能加重皮肤反应的食物，如鱼、虾、蟹等。

小儿猩红热

小儿猩红热为化脓链球菌感染引起的急性呼吸道传染病。临床以发热、咽峡炎、全身弥漫性猩红色皮疹和疹退后皮肤脱屑为其主要特征。少数患者患病后可出现变态反应性心、肾、关节的损害。急性期应让患儿卧床休息，注意空气流通，预防继发感染。注意皮肤和口腔的卫生，用淡盐水漱口，不可抓挠皮肤。

对症食疗餐

1 牛蒡粥

大米 50 克，牛蒡子 10 克，冰糖适量。将牛蒡子清洗干净，加水煎取汁液，弃渣。药汁倒入锅中，加大米及清水，煮成粥，最后加冰糖调味即可。牛蒡子可疏散风热、清热解毒、透疹、宣肺、利咽、消肿，对于猩红热有一定辅助治疗效果。

2 百合绿豆粥

百合 10 克，绿豆 20 克，薏米 30 克，冰糖适量。薏米、绿豆洗净，以清水浸泡；百合洗净掰开。三种材料共煮成粥，待粥成加适量冰糖即可。此粥具有清热解毒、消肿散结、健脾利湿、润肺安神的功效，适用于猩红热恢复期的患儿。

应多吃清热解毒、清咽利喉的食物，如绿豆、藕、马蹄、梨等；因发热与出疹，患儿的体力消耗较大，应多食易消化且营养均衡丰富的食物，如藕粉、瘦肉、水果和绿叶蔬菜等。

禁食辛辣刺激性、燥热温补食物，如辣椒、花椒、羊肉、桂圆、人参等；发热期间不宜食用生冷食物，如冰淇淋、冰冻奶茶等，以免影响退热。

小儿荨麻疹

小儿荨麻疹是儿童常见的过敏性皮肤病。小儿荨麻疹多为过敏反应，变应原（过敏原）主要为食物，其次是感染及自身免疫、药物、吸入物、物理刺激、昆虫叮咬。皮疹为发作性的皮肤黏膜潮红或风团，风团形状不一、大小不等，颜色苍白或鲜红，有明显瘙痒感，单个风团常持续不超过24~36小时，消退后不留痕迹。

对症食疗餐

1 归芪肉汤

猪瘦肉100克，当归、黄芪各20克，防风10克，盐适量。三味中药洗净，装入纱布药包；猪瘦肉切块，以沸水氽烫冲净。猪瘦肉、药包加适量清水，炖至肉软烂，挑去药包，加盐调味即可。可补益气血、祛风止痒，适合患有慢性荨麻疹、气血两虚、疹块反复发作的宝宝。

2 冬瓜白菜汤

冬瓜200克，白菜100克，芥蓝100克，香菜末、高汤、盐各适量。冬瓜去皮切片，白菜洗净切块，芥蓝洗净切段，放入高汤中煮熟，加盐调味，撒上香菜末即可。此汤可清热解毒、祛风利湿，有利于减轻过敏反应，促进荨麻疹消退。

宜多吃含有B族维生素和维生素C的食物，如糙米、动物肝脏、猪瘦肉、冬瓜、葡萄、海带、西红柿、芝麻、胡萝卜、薏米、黄瓜以及新鲜水果和绿叶蔬菜等。

禁食燥热、辛辣刺激性食物，如榴梿、桂圆、辣椒、生葱等；禁食易致过敏或可能加重过敏的食物，如果仁、虾、蟹、巧克力、鸡蛋和杏等；禁食冷饮。

小儿风疹

小儿风疹是由风疹病毒引起的一种急性呼吸道传染病。前驱期症状轻微或无明显症状，可有低热或中度发热，伴头痛、食欲减退、乏力、咳嗽、打喷嚏、流涕、咽痛等。皮疹一般持续1~4天消退，出疹期常伴低热、轻度上呼吸道炎症，同时全身浅表淋巴结肿大，以耳后、枕后和颈后淋巴结肿大最明显，有轻微压痛。

对症食疗餐

1 丝瓜炒肉片

猪里脊肉200克，丝瓜300克，生抽、淀粉、盐、鸡精、食用油各适量。丝瓜去皮，切滚刀块，入沸水汆熟；猪里脊肉切片，用盐、淀粉抓匀。热油锅滑散肉片，炒至肉片变色，倒入丝瓜炒熟，加生抽、鸡精调味即可。丝瓜可清热凉血、祛风通络，猪肉可滋阴润燥，二者合用有助于增强免疫力，缓解风疹，有利于身体恢复。

2 豆腐藕片汤

莲藕100克，嫩豆腐100克，高汤、盐各适量。莲藕去皮清洗干净，切片；豆腐洗净，切小块。适量高汤、莲藕片、豆腐入锅煮20分钟，加入适量盐调味即可。本品既可滋阴、清热、凉血，又可以为人体补充适量的蛋白质，有助于宝宝增强免疫力，预防风疹。

风疹患儿饮食应清淡、易消化且有营养，如粥、瘦肉、果蔬汁等；宜吃可清热解毒的食物，如绿豆、丝瓜、藕等；宜吃新鲜水果、蔬菜。

禁食辛辣刺激性食物，如辣椒、蒜等；慎食可能加重发热的食物及易过敏的食物，如虾、蟹、鸡蛋和杏、坚果等。

小儿湿疹

小儿湿疹是由多种内、外因素引起的一种具有多形性皮损和易有渗出倾向的皮肤炎症性反应。患儿起初皮肤发红，出现皮疹，继而皮肤粗糙、脱屑，有明显瘙痒感，遇热、遇湿可使湿疹表现加重。家长应注意孩子的衣物和被褥清洁，尽量使用棉质品，衣着宽松；洗浴用品应温和不刺激；避免接触过敏原。

对症食疗餐

1 赤小豆粥

大米50克，赤小豆15克，陈皮5克，白糖适量。陈皮洗净，泡软切丝；赤小豆洗净，清水浸泡数小时。将赤小豆入锅，添适量水，煮至熟软后加入大米和陈皮，同煮成粥。待粥熟，放入适量白糖搅匀即可。赤小豆可利湿消肿、解毒排脓；陈皮能健脾化痰，增强脾胃运化水湿的功能，二者合用可祛湿、促进湿疹消退。

2 西芹炒百合

西芹1棵，鲜百合3个，猪瘦肉100克，枸杞子、生抽、盐、食用油各适量。猪瘦肉洗净切丝，用生抽稍腌；西芹洗净切段，百合掰开洗净。热油锅，放入肉丝炒至变色，倒入西芹、百合、枸杞子炒熟，加盐调味。此菜可清热平肝、利水消肿，对治疗小儿湿疹有一定的辅助作用。

宜选择清淡、易消化，有清热利湿效果的食物，如豆腐、绿豆、藕、冬瓜和白菜等；宜多吃新鲜水果、蔬菜，可减轻瘙痒症状。

禁食辛辣刺激性、易引发过敏、燥热、助痰生湿的食物，如辣椒、虾、羊肉、韭菜、油炸食物；少食膨化食品、油腻食物等。

小儿尿频

小儿尿频多发于3–6岁宝宝。病理性尿频可能由于尿路感染、蛲虫病、泌尿系结石、肿瘤或异物所致，以尿路感染最多，常伴有尿急、尿痛、发热、食欲减退、呕吐等症状；生理性尿频主要是因小儿发育未完全、饮水过多、天气寒冷、裤子不合身、孩子寻求家长关注等引起。

对症食疗餐

1 凉拌苦苣

苦苣1棵，猪瘦肉、花生仁各30克，蒜末、香醋、料酒、生抽、香油、白糖、盐、鸡精、食用油各适量。猪瘦肉切丝，用料酒、生抽腌渍；苦苣洗净，放入碗中。热油炒香花生仁，倒在苦苣上。热油将肉丝炒熟，倒入装苦苣的碗中，淋上其余调味料拌匀即可。苦苣可清热解毒、消炎止痛，适用于有小便频数伴有灼痛、小便混浊、发热等症状的宝宝。

2 土豆炖牛腩

牛腩300克，土豆1个，胡萝卜1根，姜2片，料酒、生抽、香叶、盐各适量。牛腩洗净切块，以沸水汆烫冲净；土豆、胡萝卜去皮切块。锅中放入牛肉和调味料，加适量清水炖至牛肉软烂。挑出香叶加入胡萝卜和土豆，再炖至熟即可。此菜可温补脾肾，辅助治疗脾肾两虚造成的小儿尿频。

湿热下注者宜食清热、利湿的食物，如马蹄等；脾肾两虚、手足不温、畏寒者，应用温补脾肾的食物，如韭菜、板栗、山药等。

尿路感染、湿热下注型尿频的患儿应禁食辛辣刺激性、燥热食物，如辣椒、洋葱等；脾肾两虚者忌食生冷、寒凉食物，如西瓜、冬瓜等。

小儿多动症

小儿多动症是注意缺陷与多动障碍的俗称。患儿与同龄儿童相比，有明显注意力集中困难、注意力持续时间短暂、情绪不稳、易激惹冲动、自我控制能力差等表现。其病因包括遗传因素、脑损伤、神经系统递质代谢障碍、社会家庭因素、营养缺乏与血铅增高、过度摄入食品添加剂等。

对症食疗餐

1 鹌鹑蛋羊肝汤

羊肝100克，鹌鹑蛋6个，高汤、水发银耳、水淀粉、生抽、料酒、盐各适量。羊肝洗净切片，用生抽、料酒抓匀稍腌渍，汆烫沥干；鹌鹑蛋煮熟去壳；银耳撕碎。高汤煮沸，放入羊肝、银耳和鹌鹑蛋，加盐调味，以水淀粉勾芡即可。此汤有利于健脾益气、养血安神，营养丰富且全面，有助于多动症儿童的神经系统发育。

2 豌豆炒虾仁

虾仁80克，豌豆80克，高汤、盐、植物油各适量。虾仁洗净去肠泥，豌豆洗净沥干。锅内放适量植物油，待油温热放入豌豆煸炒，再加入虾仁稍炒，倒入少量高汤、盐，焖至豌豆和虾仁熟透即可。此菜富含优质蛋白质和锌，有助于多动症儿童的神经系统发育，增进食欲。

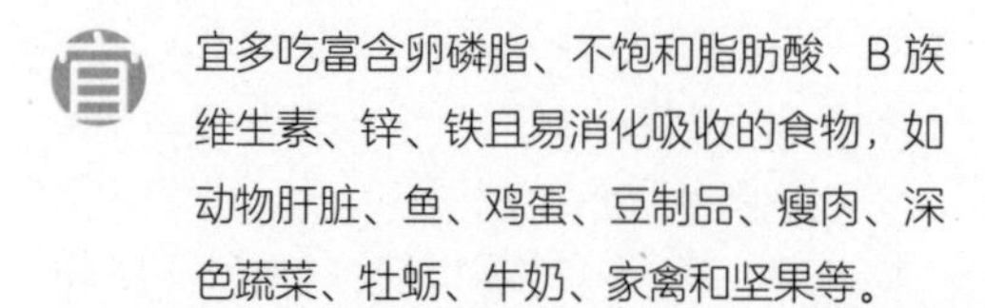

宜 宜多吃富含卵磷脂、不饱和脂肪酸、B族维生素、锌、铁且易消化吸收的食物，如动物肝脏、鱼、鸡蛋、豆制品、瘦肉、深色蔬菜、牡蛎、牛奶、家禽和坚果等。

忌 禁食辛辣刺激性食物；禁食含大量反式脂肪酸、人工色素、调味剂、铅、铝的食物，如人造奶油、海鱼的头与内脏、话梅、油条、碳酸饮料等。

小儿惊风

惊风，又被称为惊厥，以肢体抽搐、昏迷为特征。临床把起病急、属实证者称为急惊风，病势缓慢属虚证者称为慢惊风。感染性疾病所致的惊风大多伴有发热，如脑炎、脑脓肿、中毒性细菌性痢疾、中毒性肺炎等；癫痫，水、电解质紊乱，低血糖，药物、食物中毒，遗传代谢性疾病等非感染性疾病所致的惊风，一般不引起发热。

对症食疗餐

1 虾仁山药粥

大米50克，山药30克，虾仁2个，盐适量。大米洗净；山药去皮切小块；虾仁去肠泥洗净，切碎。锅内加适量水，将大米、山药同煮至将熟时，放入虾仁和盐，煮至粥成。此粥有健脾和胃、镇静安神的作用，且易消化，适合惊风患儿缓解后食用。

2 桑葚粥

大米50克，鲜桑葚30克，冰糖适量。桑葚、大米洗净，大米加适量清水煮成粥，将熟时放入桑葚和冰糖，搅拌均匀即可。桑葚含有丰富的维生素和矿物质，有助于补充出汗损失的电解质，维持身体水盐平衡，预防小儿惊风。

惊风缓解后应首先给患儿补充足量的水分、维生素和矿物质，食用易消化的半流质食物，如藕粉、面糊、鸡蛋、牛奶等；宜饮用富含维生素的果汁，如西红柿汁。

伴有高热的患儿，忌食辛燥食物，如辣椒、羊肉、牛肉等；忌食浓茶、生冷食物；禁食不易消化的食物，如油炸食品等；禁止强迫宝宝过多进食。

小儿过敏性紫癜

过敏性紫癜是一种小血管炎症，属自身免疫性疾病，以皮肤紫癜、关节炎、腹痛、血尿为主要表现。病因包括上呼吸道感染，食物、药物过敏，花粉等外环境接触物过敏，蚊虫叮咬等。小儿过敏性紫癜病程多在1个月左右，偶有延长，复发率高，约30%的患儿有复发倾向。

对症食疗餐

1 绿豆红枣汤

绿豆、红枣各50克，红糖适量。绿豆洗净，清水浸泡数小时；红枣洗净，去核。锅内加适量清水，放入绿豆、红枣，煮至软烂，放入适量红糖即可食用。绿豆能清热解毒、利水消肿；红枣有益气补血、健脾和胃之功，二者合用对于治疗小儿过敏性紫癜有辅助作用。

2 山药粥

山药100克，大米30克，小米30克。山药去皮洗净，切小块；大米、小米淘洗净。将山药、大米、小米同煮成粥即可。此粥易消化，又含有丰富的维生素，有健脾和胃、安神益气的作用，适合过敏性紫癜患儿食用。

过敏性紫癜患儿要少食多餐，并且应给予高维生素、清淡、易消化的流质食物或软食，如大米粥、小米粥、山药泥、果蔬汁等。并发肾小球肾炎的过敏性紫癜患儿应给予低盐饮食。

急性期禁食易造成过敏的高蛋白动物性食品及水果，如鱼、虾、蟹、鸡蛋、牛奶、杧果和柑橘等；禁食辛辣刺激性食物及过冷过热的食物，如韭菜、洋葱等；禁食曾经引起过敏的食物。

小儿急性肾小球肾炎

急性肾小球肾炎简称急性肾炎，临床以急性起病、水肿、少尿、血尿、蛋白尿、高血压及肾小球滤过率下降为主要特征。本病多见于发生感染之后，尤其是溶血性链球菌感染后。此病是儿科最常见的肾脏疾病，患儿以3~8岁居多，男女比例约为2：1。

对症食疗餐

1 麦淀粉蒸饺

麦淀粉50克，虾仁15克，鸡胸肉15克，白菜100克，胡萝卜10克，无盐生抽、植物油各适量。将虾仁、鸡胸肉、白菜、胡萝卜切碎，加适量无盐生抽和植物油调味备用。将麦淀粉制成面团，擀皮包入馅料，用大火蒸10分钟即可。麦淀粉不含蛋白质，蒸饺中只含有虾仁和鸡肉提供的优质动物蛋白质，适合急性肾炎的患儿食用。

2 麦淀粉鸡蛋饼

麦淀粉100克，鸡蛋1个，鸡蛋清3个，葱花2克，植物油适量。用热水将麦淀粉调开，加入鸡蛋及鸡蛋清、葱花调成糊状。平底锅中加入少量植物油，将面糊摊入锅内，小火煎熟即可。麦淀粉鸡蛋饼中含有充足的淀粉和适量优质蛋白质，可以满足患儿的营养需求，又不会造成过重的代谢负担。

宜食低蛋白、低盐、低钾和低磷食物，且应以优质蛋白质为主，如鸡蛋、肉类、牛奶。可食用蜂蜜、藕粉、南瓜、冬瓜、马蹄和梨。

禁食高盐食物，如酱菜、腐乳、火腿肠等；少尿患儿应禁食高钾食物，如菌菇类、黄豆、香蕉、葡萄等；禁食刺激性的食物和调味品。

小儿麦粒肿

麦粒肿又称睑腺炎，俗称“针眼”，根据受累腺组织的不同而分为外麦粒肿和内麦粒肿。外麦粒肿系睫毛毛囊及其所属皮脂腺发炎，内麦粒肿为睑板腺的急性化脓性炎症。表现为眼睑缘处局限性的红、肿、热、压痛，可触及硬结，结膜面充血并有脓点。体质虚弱或患有近视、远视、卫生习惯不良的宝宝最易发病。

对症食疗餐

1 野菊花冬瓜粥

大米50克，冬瓜100克，野菊花15克。冬瓜洗净，去皮去籽，切小块；野菊花用沸水稍冲洗；大米洗净。将大米和野菊花放入锅中，加适量清水煮粥，待粥将熟时放入冬瓜，煮至粥黏稠、冬瓜熟软即可，按口味加适量糖或盐调味。此粥可清热解毒、利水消肿，有助于小儿麦粒肿症状消退并预防复发。

2 豆腐汤

豆腐2块，高汤、水淀粉、盐、鸡精、香油各适量。豆腐洗净，切块，入沸水汆烫冲净备用。高汤入锅煮沸，放入豆腐煮熟，再加香油、盐和鸡精调味，用水淀粉勾芡即可。此菜可润燥生津、清热解毒，对小儿麦粒肿有一定食疗效果。

宜食可清热解毒、活血化瘀、生津润燥、除脾胃湿热的食物和药物，如绿豆、油麦菜、丝瓜、冬瓜、藕、决明子、赤小豆和豆腐等。

禁食辛辣刺激性食物，如辣椒、花椒、咖喱等；禁食辛温燥热的食物，如羊肉、狗肉、韭菜、茼蒿、榴梿、桂圆和红毛丹等。

小儿中暑

中暑是由外界环境高温引起的体温调节功能紊乱的病症。表现为大汗或少汗、口渴多饮、头晕乏力、发热、恶心呕吐等症状。发现孩子中暑后，应立即将其转移到阴凉处，解开衣物，可用冷毛巾擦额头、腋下进行物理降温，并补充适量淡盐水。如果孩子出现精神萎靡、惊厥、昏迷、抽搐等严重症状，应立即送医院急救。

对症食疗餐

1 西瓜蜂蜜柠檬汁

西瓜红肉200克，西瓜皮30克，柠檬汁、蜂蜜各适量。西瓜红肉去籽，西瓜皮切小块，一同放入榨汁机搅匀，加柠檬汁、蜂蜜拌匀即可。西瓜红肉、西瓜皮都有清热解暑、生津止渴的作用，柠檬汁中富含维生素C，同榨成果汁，适合中暑后的宝宝饮用，能够稳定血糖、补充维生素，加速症状的恢复。

2 雪梨鲜藕汁

雪梨1个，莲藕半截，马蹄50克，冰糖适量。雪梨洗净去皮、去核，切块；莲藕洗净切块；马蹄充分洗净，去皮，用沸水稍烫。所有材料放入榨汁机中，加少量凉开水，搅打均匀即可。雪梨、莲藕、马蹄都属滋阴、清热、消暑的食物，有助于中暑宝宝的恢复。

宜 宜饮用以清热解暑、养阴生津的食材制作的汤水或果汁，如绿豆、西瓜、荷叶、麦冬等；宜食富含维生素的食物，如胡萝卜等。

禁食辛辣、燥热的食物，如辣椒、咖喱、羊肉、韭菜等；禁食油炸食品、肥肉等；禁食生冷食物，如冰淇淋、冰镇水果等。